Teubner Studienbücher Bauwesen

T. Riedrich / K. Vetters
Grundkurs Mathematik
für Bauingenieure

Teubner Studienbücher Bauwesen

Herausgegeben von
Prof. Dr.-Ing. habil. Rolf Thiele, Leipzig
Prof. Dr.-Ing. Dr.-Ing. e. h. Gert König, Leipzig

Die Studienbücher der Reihe Bauwesen umfassen in Form einzelner Bausteine grundlegende und weiterführende Themen aus allen Gebieten des Bauingenieurwesens. Dabei werden sowohl die traditionellen Disziplinen als auch sich entwickelnde Fachgebiete berücksichtigt.

Die Bände beinhalten einerseits Grundlagenwissen, andererseits wird auch differenziertes Spezialfachwissen vermittelt. Die theoretischen Voraussetzungen sind jeweils in knapper Form dargestellt, um den Anwendungen bis hin zu zahlenmäßigen Bewertungen genügend Raum zu geben.
Auf DIN-Vorschriften und EC-Richtlinien wird im notwendigen Umfang Bezug genommen; diese Normen bleiben als zusätzliche Arbeitsmittel unerläßlich.

Die Reihe richtet sich vor allem an Studierende des Bauingenieurwesens, des Wirtschaftsingenieurwesens und der Architektur an Universitäten und Fachhochschulen.

Grundkurs Mathematik für Bauingenieure

Von Prof. Dr. rer. nat. Thomas Riedrich
und Dr. rer. nat. Klaus Vetters

Technische Universität Dresden

Springer Fachmedien Wiesbaden GmbH 1999

Prof. Dr. rer. nat. Thomas Riedrich

Geboren 1934 in Dresden. Von 1953 bis 1958 Studium der Mathematik an der Technischen Hochschule Dresden, 1961 Promotion; 1966 Habilitation. Von 1967 bis 1969 Dozent für Analysis an der Technischen Universität Dresden; ebendort ab 1969 ordentlicher Professor für Analysis; ab 1992 Professor für Gewöhnliche Differentialgleichungen und Dynamische Systeme an der TU Dresden.

Dr. rer. nat. Klaus Vetters

Geboren 1939 in Dresden. Mathematikstudium an der Technischen Universität Dresden von 1957 bis 1963, danach Assistent am 1. Institut für Angewandte Mathematik und Oberassistent am Institut für Numerische Mathematik der TU Dresden, Promotion bei Prof. J. W. Schmidt 1970. Dozent an der Université des Sciences et de la Technologie d'Alger „Houari Boumedienne“ 1978 bis 1981. Assistent i.V. am Institut für Angewandte Mathematik der Universität Hamburg von 1990 bis 1992. Ab 1992 wissenschaftlicher Mitarbeiter am Institut für Numerische Mathematik an der TU Dresden.

Die Deutsche Bibliothek – CIP-Einheitsaufnahme

Riedrich, Thomas:
Grundkurs Mathematik für Bauingenieure / von Thomas Riedrich und Klaus Vetters.
(Teubner-Studienbücher : Bauwesen)
ISBN 978-3-519-00217-8 ISBN 978-3-663-12150-3 (eBook)
DOI 10.1007/978-3-663-12150-3

Ursprünglich erschienen bei B.G.Teubner Stuttgart · Leipzig 1999

Vorwort

Dieser Band ist aus Lehrveranstaltungen hervorgegangen, die von den Autoren für Ingenieurstudenten, insbesondere für den Studiengang Bauingenieurwesen, an der Technischen Universität Dresden gehalten wurden. Zentrale Themen dieses Lehrbuches sind: Reelle und komplexe Zahlen, lineare Algebra einschließlich lineare Optimierung, gewöhnliche Differentialgleichungen und Elemente der Wahrscheinlichkeitsrechnung. Dieses Basiswissen wird ausführlich dargestellt; hier finden sich viele Beispiele, Abbildungen und Herleitungen. Weitere wichtige Teile der Höheren Mathematik sind enthalten.

Durch diese Anlage richtet sich der vorliegende Band vor allem an Ingenieurstudenten an Universitäten und Fachhochschulen, die beim Studium der Mathematik schon bei den Grundlagen Unterstützung brauchen. Die spezielle Auswahl des Stoffes kommt den Bedürfnissen der Bauingenieure besonders entgegen.

Die Autoren konnten in dankenswerter Weise die Erfahrungen vieler Kollegen des Instituts für Analysis und des Instituts für Numerische Mathematik der Technischen Universität Dresden nutzen, stellvertretend seien Herr Professor Dr. W. Schirotzek sowie Herr Professor Dr. J. Voigt genannt. Für Ratschläge zu Beispielen und Abbildungen sind die Autoren insbesondere Frau Magister H. Pfeifer zu Dank verpflichtet, ebenso Frau M. Gaede-Samat für das Schreiben und die Endgestaltung des TEX-Manuskripts.

Für die aufgeschlossene und freundliche Zusammenarbeit bei der Entstehung dieses Bandes danken wir Herrn J. Weiß vom Teubner-Verlag.

Dresden, im Juli 1999

T. Riedrich
K. Vetters

Inhaltsverzeichnis

1 Zum Sprachgebrauch in der Mathematik. Mathematische Modellbildung. Logik. Mengen

1.1 Grundprinzip der mathematischen Modellbildung

Unter *mathematischer Modellbildung* bzw. *mathematischer Modellierung* versteht man die Abbildung der Realität auf mathematische Strukturen und Sachverhalte. Sie ist heute ein wesentliches Instrument zur Erkenntnisgewinnung über die uns umgebende Realität, zur Gewinnung von Vorhersagen und für die bestmögliche Steuerung von Prozessen in Natur und Technik. Bei einer groben Einteilung vollzieht sich eine konkrete Modellierung in vier Etappen (A. N. TYCHONOFF):

(I) *Formulierung der Gesetze,* die die Objekte des Modells miteinander verknüpfen, in mathematischer Form (Gleichungen, Ungleichungen, ...) wie z. B. im Newtonschen Bewegungsgesetz $F = m\ddot{x}$ ("Kraft gleich Masse mal Beschleunigung").

(II) *Untersuchung der mathematischen Probleme*, die im Zusammenhang mit den Gesetzen auftreten (Lösen von Gleichungen, Differentialgleichungen, Extremwertproblemen).

(III) *Vergleich und kritische Wertung* der bei der Problemanalyse erzielten Ergebnisse mit den realen Zuständen oder Abläufen, die sie beschreiben sollen.

(IV) *Korrektur* des mathematischen Modells auf Grund der bei der Wertung festgestellten Differenzen oder als Folge neuer verbesserter Messungen oder von Erkenntnissen, die die Ablehnung oder Erweiterung des mathematischen Modells erfordern.

Ein "großes" historisches *Beispiel* hierzu liefert die sich über viele Jahrhunderte hinziehende Aufklärung der Bewegung der Planeten um die Sonne.
Während KOPERNIKUS (1473 - 1543) die Planetenbahnen (noch) als Kreisbahnen (um die Sonne – dies war bereits ein erheblicher Fortschritt gegenüber dem antiken geozentrischen Modell –) beschrieb, erkannte KEPLER (1571 - 1630) die Planetenbahnen als Ellipsen (auf Grund genauerer Messungen von TYCHO de BRAHE (1546 - 1601)) und formulierte drei wesentliche Bahngesetze, deren Begründung ("die Gravitation ist die Ursache der Bewegung") aus einem einzigen mathematisch formulierten Gravitationsgesetz erst NEWTON (1643 - 1727) glückte. Mit weiter verbesserten Beobachtungen gelangen auf der Grundlage des Newtonschen Modells Vorhersagen über die Existenz bisher unbekannter Planeten, die dann tatsächlich beobachtet wurden (Neptun 1846; Pluto 1930).

1.2 Zum Gebrauch mathematisch-logischer Symbole

Die am häufigsten auftretenden mathematischen Beschreibungen sind sogenannte *Relationen.* Die Feststellung der Gültigkeit einer Relation, z. B. die Elementbeziehung "$a \in M$", ist eine spezielle *Aussage,* die entweder *wahr* oder *falsch* sein kann. Aussagen kann man mittels logischer Operationen miteinander verknüpfen; dabei entstehen weitere Aussagen.
Der Wahrheitswert der Aussageverknüpfungen hängt nur und ausschließlich und vollständig ab von den Wahrheitswerten der an der Verknüpfung beteiligten Aussagen. Beispiele für Aussageverknüpfungen sind:

"$\neg p$" oder "p'" oder "non-p", die *Negation* von der Aussage p, die genau dann wahr ist, wenn die Aussage p falsch ist (und umgekehrt).
"$p \vee q$", die *Disjunktion* der Aussagen p und q (= das nicht ausschließende "oder"), die genau dann wahr ist, wenn mindestens eine der beiden Aussagen p, q wahr ist.
"$p \wedge q$", die *Konjunktion* der Aussagen p und q (= "und"), die genau dann wahr ist, wenn sowohl die Aussage p als auch die Aussage q wahr sind.
"$p \Rightarrow q$", die *Implikation* "aus p folgt q", die genau dann falsch ist, wenn die Aussage p richtig und die Aussage q falsch ist.
Als Verallgemeinerung von Disjunktion bzw. Konjunktion verwendet man noch häufig das *Existenz*-Zeichen $\exists$ bzw. das *Alle*-Zeichen $\forall$.
$\exists x : P(x)$ hat die Bedeutung: *es gibt ein* x, das die Eigenschaft P hat.
$\forall x : P(x)$ hat die Bedeutung: *alle* x besitzen die Eigenschaft P.

1.3 Mengen

Die von dem Mathematiker Georg CANTOR (1845 - 1918) geschaffene Mengenlehre (erste Arbeiten dazu um 1880) ermöglicht ein einheitliches vereinfachtes Umgehen mit mathematischen Objekten als Elemente von Mengen und liefert somit eine universelle Sprache für die gesamte Mathematik. Die Verwendung dieser Sprache (sog. naive Mengenlehre) ist heute allgemein üblich, auch wenn gegen die unbegrenzte Mengenbildung – etwa "die Menge aller Mengen" – wegen des Auftretens logischer Widersprüche, sog. Antinomien, Vorsichtsmaßnahmen ergriffen werden müssen durch die Aufstellung von Axiomensystemen für Mengen und die Mengenbildung.

1.3.1 Definition des Mengenbegriffs und Vereinbarungen

(1) Mathematische Objekte, die eine bestimmte Eigenschaft gemeinsam haben, bilden eine *Menge,* die durch diese Eigenschaft definiert wird und

deren *Elemente* die gegebenen betreffenden Objekte sind.

(2) Mengen, die die gleichen Elemente enthalten, sind identisch, eine Menge ist also durch ihre Elemente eindeutig bestimmt.

(3) Mengen sind selbst mathematische Objekte und können dabei wieder als Elemente von Mengen auftreten.

(4) Die Zugehörigkeit des Elementes x zur Menge M wird durch das Elementsymbol $\in$ (von "$\varepsilon\sigma\tau\iota$" = "sein" nach G. PEANO) gekennzeichnet: $x \in M$. Die Nichtzugehörigkeit eines mathematischen Objekts z zur Menge Q wird geschrieben in der Form

$$z \notin Q.$$

(5) Die Menge aller mathematischen Objekte x, die eine gemeinsame Eigenschaft P besitzen, wird mit der formalen Schreibweise

$$\{x|x \text{ erfüllt } P\}$$

erfaßt.

(6) Die Mengenbildung aus genau angebbaren mathematischen Objekten a, b, c (die voneinander verschieden sind) erfolgt mittels Klammerschreibweise als

$$\{a, b, c\}.$$

Analog verfahren wir bei einer beliebigen Vorgabe von Elementen.

(7) Sind A und B Mengen, dann heißt A eine *Teilmenge* von B, wenn jedes Element von A auch ein Element von B ist. Wir sagen in diesem Fall auch, daß die Menge A in der Menge B enthalten ist oder.daß die Menge B die Menge A enthält und schreiben dafür symbolisch

$$A \subseteq B \quad \text{oder} \quad B \supseteq A.$$

Soll für zwei Mengen A, B die Relation $A \subseteq B$ nachgewiesen werden, muß man zeigen, daß aus der Relation $x \in A$ die Relation $x \in B$ (stets) folgt; in logischen Zeichen, daß die Implikation

$$(x \in A) \Rightarrow (x \in B)$$

stets wahr ist.

(8) Die *leere Menge* $\emptyset$, die überhaupt kein Element enthält, wird aus Gründen der formalen Vereinfachung eingeführt.

1.3.2 Mengenoperationen und Rechenregeln

Im folgenden seien $A, B, C, \ldots$ Mengen. Wir definieren die folgenden Mengenoperationen.

(1) **Vereinigung** $\cup$: $A \cup B := \{x | x \in A \text{ oder } x \in B\}$
(mit dem "nicht ausschließenden" *oder*; d. h., $x \in A \cup B$ heißt: $x \in A$ oder $x \in B$ oder x gehört zu beiden Mengen A, B gleichzeitig)

(2) **Durchschnitt** $\cap$: $A \cap B := \{x | x \in A \text{ und } x \in B\}$
($x \in A \cap B$ heißt: $x \in A$ und gleichzeitig gilt $x \in B$)

(3) **Differenz** $\setminus$: $A \setminus B := \{x | x \in A \text{ und } x \notin B\}$
($x \in A \setminus B$ heißt: $x \in A$, aber **nicht** $x \in B$)

(4) **Symmetrische Differenz** $\triangle$: (s. (1), (3))

$$A \triangle B := (A \setminus B) \cup (B \setminus A)$$

(5) **Disjunktheit:** Zwei Mengen A, B heißen **disjunkt** oder fremd, wenn $A \cap B = \emptyset$ gilt.

(6) Es gilt stets die Gleichheit $A \cup B = B \cup A$ sowie $A \cap B = B \cap A$ (Kommutativität)

(7) Es gelten stets die Gleichheiten
$(A \cup B) \cup C = A \cup (B \cup C) =: A \cup B \cup C$
$(A \cap B) \cap C = A \cap (B \cap C) =: A \cap B \cap C$
(Assoziativität)

(8) $A \cup (A \cap B) = A$
$A \cap (A \cup B) = A$
(Verschmelzungsgesetze)

(9) $A \cup (B \cap C) = (A \cup B) \cap (A \cup C)$
$A \cap (B \cup C) = (A \cap B) \cup (A \cap C)$
(Distributivität)

(10) $C \setminus (A \cup B) = (C \setminus A) \cap (C \setminus B)$
$C \setminus (A \cap B) = (C \setminus A) \cup (C \setminus B)$
(Gesetze von de MORGAN)

Spezielle Mengen, die ständig auftreten oder benutzt werden, sind:

- die Menge $\mathbb{N} = \{1, 2, 3, \ldots, n, \ldots\}$ der natürlichen Zahlen;
- die Menge $\mathbb{Z} = \{0, +1, -1, +2, -2, \ldots, +k, -k, \ldots\}$ der ganzen Zahlen;
- die Menge $\mathbf{P} = \{x | x = \frac{m}{n} \text{ mit } m, n \in \mathbb{Z} \text{ und } n \neq 0\}$ der rationalen Zahlen;
- die Menge $\mathbb{R}$ der reellen Zahlen;
- die Menge $\mathbb{C}$ der komplexen Zahlen.

Es gelten die Teilmengenbeziehungen (Inklusionen): $\mathbb{N} \subseteq \mathbb{Z} \subseteq \mathbf{P} \subseteq \mathbb{R} \subseteq \mathbb{C}$.
In dieser Inklusionskette ist jede folgende Menge von der vorhergehenden Menge verschieden.

2 Reelle und komplexe Zahlen

2.1 Die Menge $\mathbb{R}$ der reellen Zahlen

Das "rechnerische Fundament" der Gesamtheit aller exakten Wissenschaften bilden die reellen Zahlen, also Zahlen wie 1.2, π, e usw. mit denen wir die üblichen Rechenoperationen wie Addition, Multiplikation, Subtraktion, Division usw. durchführen. Dabei beachten wir, meistens unbewußt, eine Reihe von Rechenregeln und Gesetzen. Eine vollständige Auflistung dieser Rechenregeln und Gesetze in einem minimalen Umfang ist in der folgenden Tabelle der Axiome der reellen Zahlen zusammengefaßt. Axiome stellen Grundforderungen dar, auf denen sich alles weitere aufbaut. Die Frage nach der Herkunft der Axiome ist eine mathematikhistorische Problemstellung, auf die wir hier nicht weiter eingehen.

2.1.1 Axiome der reellen Zahlen

Die reellen Zahlen bilden eine **Menge** (d.h. eine Zusammenfassung von mathematischen Objekten, den Elementen der Menge, zu einem neuen mathematischen Objekt) benannt mit dem Buchstaben $\mathbb{R}$, in der zwei Operationen „+" („Plus") und „·" („Mal") erklärt sind, sowie eine Ordnungsrelation „$\leq$" („kleiner oder gleich") definiert ist, wobei folgende Forderungen (**Postulate, Axiome**) gestellt werden. Mit $a, b, c, \ldots; x, y, \ldots$ bezeichnen wir beliebige reelle Zahlen.

(A1) $(a+b)+c = a+(b+c)$ (Assoziativität der Addition)
(A2) $a+b = b+a$ (Kommutativität der Addition)
(A3) Es gibt eine Zahl 0 mit $a+0=a$ für alle $a \in \mathbb{R}$ (Definition der **Null**).
(A4) Für jedes $a \in \mathbb{R}$ besitzt die Gleichung $a+x=0$ genau eine Lösung $x \in \mathbb{R}$, die mit $x = -a$ bezeichnet wird.
(M1) $(a \cdot b) \cdot c = a \cdot (b \cdot c)$ (Assoziativität der Multiplikation)
(M2) $a \cdot b = b \cdot a$ (Kommutativität der Multiplikation)
(M3) Es gibt eine Zahl 1 mit $a \cdot 1 = a$ für alle $a \in \mathbb{R}$ (Definition der **Eins**).
(M4) Zu jedem $a \in \mathbb{R}, a \neq 0$ gibt es genau ein $y \in \mathbb{R}$, das die Gleichung $ay = 1$ löst, Bezeichnung: $y = a^{-1}$ oder $y = \frac{1}{a}$.
(AM) $a(b+c) = ab+ac$ (Distributivgesetz)
(O1) Es gilt $a \leq a$ für alle $a \in \mathbb{R}$ (Reflexivität)
(O2) Aus $a \leq b$ und $b \leq a$ folgt $a = b$ (Antisymmetrie)
(O3) Aus $a \leq b$ und $b \leq c$ folgt $a \leq c$ (Transitivität)
(O4) Für beliebige reelle Zahlen a, b gilt stets $a \leq b$ oder $b \leq a$ (Trichotomie)
(O5) Für jede reelle Zahl a gibt es eine natürliche Zahl n mit $a < n := \underbrace{1+1+\ldots+1}_{n \text{ Summanden}}$ (Axiom v. ARCHIMEDES)

(AO) Aus $a \leq b$ folgt $a + c \leq b + c$ für alle $c \in \mathbf{R}$

(MO) Aus $0 \leq a$ und $0 \leq b$ folgt $0 \leq a \cdot b$

(IS) Ist $([a_n, b_n])$ eine Folge **abgeschlossener** Intervalle mit $a_n \leq a_{n+1}$ und $b_{n+1} \leq b_n$ $(n = 1, 2, \ldots)$, so gibt es mindestens ein $c \in \mathbf{R}$ mit $c \in [a_n, b_n]$ für alle $n = 1, 2, \ldots$ (Intervallschachtelungsaxiom).

Alle weiteren Eigenschaften und Gesetze für die reellen Zahlen ergeben sich **ausschließlich** aus den oben genannten Axiomen unter **ausschließlicher** Anwendung mathematisch-logischer Schlußregeln. U.a. werden Aussagen über das Rechnen mit Ungleichungen, Absolutbeträgen und Wurzeln ständig benötigt. Wir stellen die wichtigsten dieser Aussagen in der folgenden Übersicht zusammen.

2.1.2 Das Rechnen mit Ungleichungen, Absolutbeträgen und Wurzeln

Aus den Axiomen der reellen Zahlen beweist man die folgenden Rechenregeln. Mit $a, b, c, \ldots, x, y, \ldots$ bezeichnen wir beliebige Zahlen.

Definition 2.1 *Für $x \in \mathbf{R}$ und $y \in \mathbf{R}$ bedeute $x < y$ das Bestehen der Relationen $x \leq y$ und $x \neq y$. Die Relation $x < y$ wird auch in der Form $y > x$ geschrieben, $x \leq y$ auch in der Form $y \geq x$.*

Rechenregeln für „$<$" (entsprechende Regeln gelten für „$\leq$").

(1) $a + c < b + c \Longrightarrow a < b$

(2) $ac < bc$ und $c > 0 \Longrightarrow a < b$

(3) $a < b, c < d \Longrightarrow a + c < b + d$

(4) $a < b, c < d$ und $a > 0,\ c > 0 \Longrightarrow ac < bd$

(5) $a < b \Longrightarrow -b < -a$

(6) $a < b$ und $a > 0 \Longrightarrow \frac{1}{b} < \frac{1}{a}$

Definition 2.2 *Für $x \in R$ wird definiert* $|x| = \begin{cases} x & \text{wenn } x \geq 0 \\ -x & \text{wenn } x < 0 \end{cases}$.

$|x|$ heißt der **absolute Betrag** der reellen Zahl x.

Rechenregeln (x, y sind beliebige reelle Zahlen).

(1) $|-x| = |x|$

(2) $|xy| = |x||y|$

(3) $|x+y| \leq |x| + |y|$ (Dreiecksungleichung)

(4) $||x| - |y|| \leq |x+y|$ (Dreiecksungleichung „nach unten")

Definition 2.3 *Für $x \geq 0$ und $n = 1, 2, \ldots$ erklärt man $y = \sqrt[n]{x} = x^{\frac{1}{n}}$ als diejenige* **nichtnegative** *reelle Zahl y, deren n-te Potenz gleich x ist:*

$$(x, y \geq 0 \quad \text{und} \quad y^n = x) \Longleftrightarrow (y = \sqrt[n]{x}\,).$$

Beispiele: $\sqrt{a^2} = |a| \qquad \sqrt[4]{16} = 2.$

Die Begriffe Supremum, Infimum bzw. Maximum und Minimum für Mengen reeller Zahlen.

Definition 2.4 *Es sei A eine Teilmenge von* $\mathbf{R}$. *Die Menge A heißt* **nach oben beschränkt,** *wenn es eine Zahl $K \in \mathbf{R}$ gibt mit*

$$x \leq K \quad \textit{für alle} \quad x \in A.$$

Die Menge A heißt **nach unten beschränkt,** wenn es eine Zahl $L \in \mathbf{R}$ gibt mit

$$L \leq x \quad \text{für alle} \quad a \in A.$$

Eine sowohl nach oben als auch nach unten beschränkte Menge heißt **beschränkt.**
Die Zahlen K bzw. L heißen obere bzw. untere **Schranke** von A.

Satz 2.1 *Unter den oberen Schranken einer nach oben beschränkten Menge A gibt es stets eine* **kleinste obere Schranke** *S, genannt Supremum von A. Bezeichnung: $S = \sup A$; d.h., es gelten die Beziehungen (Ungleichungen)*

$$x \leq S \quad \textit{für alle } a \in A$$
$$S \leq K \quad \textit{für jede obere Schranke } K \text{ von } A.$$

Analog gilt: unter allen unteren Schranken einer nach unten beschränkten Menge A gibt es stets eine **größte untere Schranke** T, *genannt Infimum von* A, *Bezeichnung:* $T = \inf A$; *d.h., es gelten die Ungleichungen*

$$\begin{array}{ll} T \leq x & \textit{für alle } x \in A \\ L \leq T & \textit{für jede untere Schranke } L \text{ von } A. \end{array}$$

(Der Beweis des Satzes wird mittels des Axioms (IS) geführt.)
Das **Supremum** S von A bzw. das **Infimum** T von A brauchen der Menge A nicht anzugehören; dies zeigen bereits einfachste Beispiele wie z.B. $A = (a, b)$ mit $a = \inf A, b = \sup A$. Ist aber doch $S \in A$, so heißt $\sup A$ das **Maximum** von A, gilt $T \in A$ so heißt $\inf A$ das **Minimum** von A, Schreibweise $S = \mathrm{Max} A$ bzw. $T = \mathrm{Min} A$.

2.2 Die Menge $\mathbb{C}$ der komplexen Zahlen

2.2.1 Rechenregeln

Die komplexen Zahlen ergeben sich durch Erweiterung des Körpers der reellen Zahlen dahingehend, daß die im Bereich der reellen Zahlen unlösbare Gleichung

$$x^2 + 1 = 0 \tag{2.1}$$

(es gibt kein reelles x, das diese Gleichung löst) eine Lösung haben soll.
Praktisch geschieht dies durch die Verwendung geordneter Paare (a, b) von reellen Zahlen, die als neue mathematische Objekte, als „Zahlen" eingeführt werden, wobei die Gleichheit und die Rechenoperationen neu festgelegt werden müssen. Dies geschieht in der folgenden Weise:

Gleichheit	$(a, b) = (a', b') : \iff a = a'$ und $b = b'$
Addition	$(a, b) + (c, d) := (a + c, b + d)$
Multiplikation	$(a, b) \cdot (c, d) = (ac - bd, ad + bc)$

Die Menge aller geordneten Paare (a, b) $(a \in \mathbf{R}, b \in \mathbf{R})$ von reellen Zahlen, versehen mit den oben eingeführten Rechenoperationen nennt man die Menge der komplexen Zahlen und bezeichnet sie mit dem Buchstaben $\mathbb{C}$ (die Elemente von $\mathbb{C}$ heißen komplexe Zahlen).
Wir überzeugen uns gleich davon, daß die oben genannte Gleichung (2.1) im neuen Zahlenbereich $\mathbb{C}$ lösbar ist, und wir betrachten hierzu die komplexe Zahl

$$\mathrm{i} := (0, 1)$$

und bilden (genau nach den obigen Rechenregeln) den Ausdruck

$$\mathrm{i}^2 = (0, 1) \cdot (0, 1) = (0 - 1, 0 + 0) = (-1, 0).$$

Um darin zu erkennen, daß die komplexe Zahl i die Gleichung (2.1) löst, betrachten wir diejenige Teilmenge der komplexen Zahlen, die die Form

$$z' = (a, 0) \quad \text{mit} \quad a \in \mathbf{R}$$

haben. Wir stellen fest, daß die im Bereich der komplexen Zahlen vereinbarten Rechenoperationen „Addition" und „Multiplikation" (ebenso wie „Subtraktion" und „Division") bei Anwendung auf komplexe Zahlen der Gestalt $z' = (a, 0)(a \in \mathbf{R})$ stets wieder solche Zahlen der Form z' liefern: so ist z.B.

$$z_1' + z_2' = (a_1, 0) + (a_2, 0) = (a_1 + a_2, 0)$$

und

$$z_1' \cdot z_2' = (a_1, 0) \cdot (a_2, 0) = (a_1 \cdot a_2, 0)$$

(analog für Subtraktion und Division).

Dabei erkennen wir außerdem, daß sich die Zahlen der Form z' beim Rechnen (in der Menge der komplexen Zahlen) wie reelle Zahlen verhalten (s. obige Gleichungen für $z_1' + z_2'$ und $z_1' \cdot z_2'$). Es ist daher absolut natürlich, die komplexen Zahlen der Form $z' = (a, 0)$ $(a \in \mathbf{R})$ mit den entsprechenden reellen Zahlen a zu **identifizieren** und so die Menge der reellen Zahlen $\mathbf{R}$ in die Menge der komplexen Zahlen $\mathbb{C}$ einzubetten:

$$(a, 0) \in \mathbb{C}, a \in \mathbf{R}$$
$$(a, 0) \longleftrightarrow a$$

Aus praktischen Gründen wird die komplexe Zahl $(a, 0)$ einfach durch die ihr entsprechende reelle Zahl a **ersetzt**, und damit gilt tatsächlich die Enthaltungsbeziehung

$$\mathbf{R} \subseteq \mathbb{C}.$$

Speziell gilt dann die Gleichung (siehe oben)

$$\mathrm{i}^2 = -1$$

(bzw. $\mathrm{i}^2 + 1 = 0$), d.h., die komplexe Zahl $\mathrm{i} = (0, 1)$ löst tatsächlich die (quadratische) Gleichung (2.1).

Der komplexen Zahl i kommt daher eine besondere Rolle zu. Wir verwenden sie unter Beachtung der Rechengesetze in $\mathbb{C}$ ab sofort zur Darstellung beliebiger komplexer Zahlen. Denn es gilt ersichtlich für jedes $z \in \mathbb{C}$ die Gleichung:

$$z = (a, b) = (a, 0) + (0, 1) \cdot (b, 0) \quad (a, b \in \mathbf{R}),$$

die wir – entsprechend der soeben vereinbarten Ersetzung der speziellen komplexen Zahlen $(a, 0)(a \in \mathbf{R})$ durch a – in der Gestalt

$$\mathbf{z} = \mathbf{a} + \mathbf{ib} \qquad (a, b \in \mathbf{R})$$

schreiben und damit die endgültige **algebraische Darstellungsform** der komplexen Zahlen festlegen:

$$\begin{array}{lll} & z = a + \mathrm{i}b & \text{(mit reellen Zahlen } a, b) \\ \text{oder} & z = x + \mathrm{i}y & \text{(mit reellen Zahlen } x, y) \\ \text{oder} & w = u + \mathrm{i}v & \text{(mit reellen Zahlen } u, v). \end{array}$$

Wir brauchen jetzt nur noch zu vereinbaren, daß mit den Größen $z = x + \mathrm{i}y$ so gerechnet wird wie im Bereich der reellen Zahlen **unter Beachtung der Gleichung**

$$\mathrm{i}^2 = -1. \tag{2.2}$$

Insbesondere sind die Rechenoperationen Addition und Multiplikation (mit einem Faktor $\neq 0$) umkehrbar, d.h., es gibt die **Subtraktion** und die **Division** (durch einen Faktor $\neq 0$).
Es sei $z_1 = x_1 + \mathrm{i}y_1, z_2 = x_2 + \mathrm{i}y_2$; dann setzen wir für die **Differenz** der beiden komplexen Zahlen z_1 und z_2 :

$$z_1 - z_2 := x_1 - x_2 + \mathrm{i}(y_1 - y_2) = x_1 - x_2 + \mathrm{i}y_1 - \mathrm{i}y_2.$$

Es gilt die Gleichheit

$$z_2 + (z_1 - z_2) = x_2 + \mathrm{i}y_2 + x_1 - x_2 + \mathrm{i}y_1 - \mathrm{i}y_2 = x_1 + \mathrm{i}y_1 = z_1,$$

d.h., Addition und Subtraktion sind zueinander reziprok (sie heben einander auf).
Es sei weiter $z_2 \neq 0$, dann setzen wir für den **Quotienten** der beiden komplexen Zahlen z_1 und z_2

$$\frac{z_1}{z_2} := \left(\frac{x_1x_2 + y_1y_2}{x_2^2 + y_2^2}\right) + \mathrm{i}\left(\frac{x_2y_1 - x_1y_2}{x_2^2 + y_2^2}\right).$$

Es gilt die Gleichheit

$$z_2 \cdot \left(\frac{z_1}{z_2}\right) = (x_2 + \mathrm{i}y_2)\left[\frac{x_1x_2 + y_1y_2}{x_2^2 + y_2^2} + \mathrm{i}\frac{x_2y_1 - x_1y_2}{x_2^2 + y_2^2}\right]$$

$$= \left(\frac{x_1x_2^2 + x_2y_1y_2 - x_2y_1y_2 + x_1y_2^2}{x_2^2 + y_2^2}\right) + \mathrm{i}\left(\frac{x_1x_2y_2 + y_1y_2^2 + x_2^2y_1 - x_1x_2y_2}{x_2^2 + y_2^2}\right)$$

$$\underset{\text{Kürzen}}{\overset{\text{Wegheben/}}{=}} x_1 + \mathrm{i}y_1 = z_1.$$

Das heißt, Multiplikation und Division sind zueinander reziprok (die eine Operation ist die Umkehrung der anderen).
Für die oben eingeführten Rechenoperationen für komplexe Zahlen gelten dieselben Rechengesetze wie für die entsprechenden Operationen reeller Zahlen, also die 9 Axiome (A1) - (AM). Eine Ordnungsrelation „$\leq$", die allen fünf Ordnungsaxiomen (O1), (O2), (O3), (O4), (O5) und den Gesetzen (AO) und (MO) genügt, gibt es in der Menge $\mathbb{C}$ der komplexen Zahlen nicht. Verzichtet man jedoch auf die Forderung (O4) und (O5), so kann man eine den übrigen Forderungen genügende Ordnungsbeziehung auch in der Menge der komplexen Zahlen einführen. Man setzt einfach für zwei komplexe Zahlen $z_1 = x_1 + \mathrm{i}y_1, z_2 = x_2 + \mathrm{i}y_2$:

$$z_1 \leq z_2 :\Longleftrightarrow x_1 \leq x_2 \quad \underline{\text{und}} \quad y_1 \leq y_2.$$

Dann gelten die Gesetze (O1), (O2), (O3), (AO) und (MO) aber **nicht** (O4).
Ist $z = x + \mathrm{i}y \quad (x, y \in \mathbf{R})$ eine komplexe Zahl, so schreibt man

$x = \mathrm{Re}\ z$ für den **Realteil** x von z

und

$y = \mathrm{Im}\ z$ für den **Imaginärteil** y von z.

Ferner werden folgende Größen/Zahlen eingeführt

$|z| = \sqrt{x^2 + y^2}$, der **Betrag** von z

$z^* = x - \mathrm{i}y$, die **konjugiert-komplexe** Zahl von z.

Es gelten folgende Beziehungen:

$$\mathrm{Re}\ z \leq |z|, \quad \mathrm{Im}\ z \leq |z|, \quad z \cdot z^* = |z|^2$$

sowie die Dreiecksungleichung

$$|z_1 + z_2| \leq |z_1| + |z_2|$$

für beliebige komplexe Zahlen z_1 und z_2.

2.2.2 Die geometrische Interpretation der komplexen Zahlen

Der wichtigste Anwendungsaspekt der komplexen Zahlen ist ihre Anwendung auf die Geometrie in der Ebene.
Dabei werden geometrische Beziehungen und Eigenschaften von geometrischen Objekten in der Ebene, d.h. Beziehungen zwischen Geraden, Kreisen, Dreiecken, in „rechnerische" Beziehungen (Gleichungen oder Ungleichungen) für komplexe Zahlen umgesetzt (und umgekehrt).
Der Vorteil einer solchen Umsetzung liegt darin, daß die Lösungen geometrischer Aufgaben regelrecht „ausgerechnet" werden können. Anschließend müssen die rechnerisch gefundenen Lösungen wieder in geometrische Aussagen zurückinterpretiert werden.

Die Grundlage für die geometrische Darstellung der komplexen Zahlen ist die komplexe Zahlenebene, die sich äußerlich in nichts von einer gewöhnlichen Ebene unterscheidet. Diese wird mit einem rechtwinkligen Achsenkreuz, bestehend aus einer x-Achse, der reellen Achse, sowie einer $(\mathrm{i}y)$-Achse, der imaginären Achse, versehen. Beide Achsen sind als gleichartige Zahlenskalen bzw. -geraden aufzufassen, die sich äußerlich nicht voneinander unterscheiden.

Der Einheitspunkt auf der x-Achse erhält die Bezeichnung „1", der Einheitspunkt auf der (i, y)-Achse erhält die Bezeichnung „i" (s. Bild 1), d.h., an der Stelle $\mathrm{i}b$ sind b Längeneinheiten abgetragen.
Einer gegebenen komplexen Zahl $z = a + \mathrm{i}b$ $(a, b \in \mathbb{R})$, wird nun derjenige Punkt in der Ebene zugeordnet, dessen x-Koordinate gleich a und dessen $(\mathrm{i}y)$-Koordinate gleich $\mathrm{i}b$ ist (s. Bild 1).

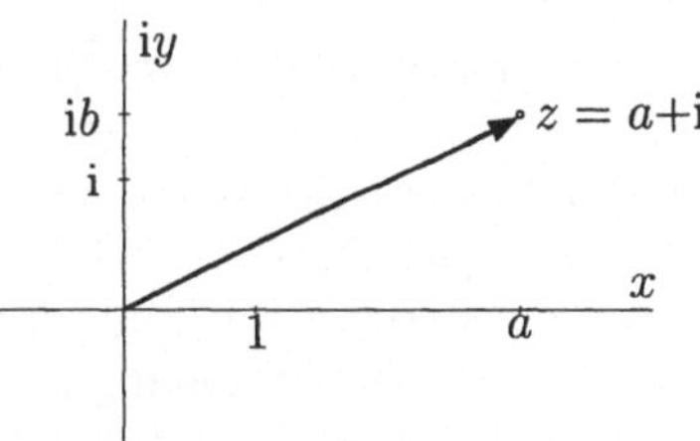

Bild 1: Komplexe Zahl

Gleichzeitig ist es sinnvoll, die komplexe Zahl z als **Vektor** (vgl. Abschn. 3) von 0 nach $(a, \mathrm{i}b)$ aufzufassen.

Diese Zuordnung ist umkehrbar eindeutig (eineindeutig): jeder komplexen Zahl entspricht genau ein Punkt in der $x, (\mathrm{i}y)$-Ebene und jedem Punkt in der x, y-Ebene entspricht genau eine komplexe Zahl.

Die geometrische Interpretation der Rechenoperation „Addition". Sind $z_1 = a_1 + \mathrm{i}b_1$ und $z_2 = a_2 + \mathrm{i}b_2$ zwei komplexe Zahlen, so ist, wie oben erklärt, die komplexe Zahl

$$(a_1 + a_2) + \mathrm{i}(b_1 + b_2) = z_1 + z_2$$

ihre Summe.

Betrachtet man die zugeordneten Punkte für z_1, z_2 und z_1+z_2 in der oben eingeführten Ebene, so erkennen wir, daß die Operation „Addition zweier komplexer Zahlen" genau der vektoriellen Addition der zugeordneten Vektoren von 0 nach (a_1, ib_1) und von 0 nach (a_2, ib_2) „nach dem Kräfteparallelogramm" in der Ebene entspricht mit dem Resultatvektor von 0 nach $(a_1+a_2, \mathrm{i}(b_1+b_2))$ (s. Bild 2).

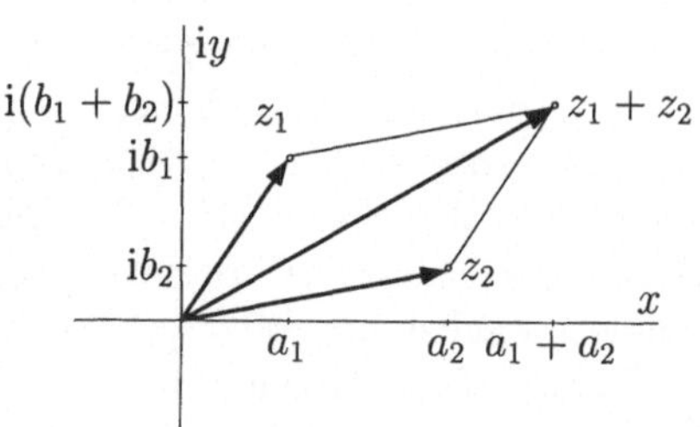

Bild 2: Addition komplexer Zahlen

Die Auffassung der komplexen Zahlen als ebene Vektoren erweist sich somit bereits bei der einfachsten Rechenoperation, der Addition, als sehr zweckmäßig. Wir werden die Effizienz dieser Auffassung auch für die weiteren Rechenoperationen begründen. Dazu benutzen wir zwei geometrische Grundgrößen, nämlich den Betrag (Länge) und das Argument (Winkel) einer komplexen Zahl. Ist $z = a + ib$, so ist die Länge des zugeordneten Vektors (s. Bild 1) nach dem Satz von PYTHAGORAS (für das rechtwinklige Dreieck $0, a, z$) gleich

$$r = \text{ Länge von } z = \sqrt{a^2 + b^2} = |z| = \text{ Betrag von } z.$$

Die Kenntnis des Betrages von z reicht zur eindeutigen Fixierung von z noch nicht aus; als mögliche Variable bietet sich z.B. der Winkel φ an, den der Vektor z gegen die positive Richtung der x-Achse (der reellen Achse) einnimmt. Zur genauen Positionsbestimmung wird er **gegen** die Uhrzeigerorientierung **positiv** gezählt und (zunächst) auf das Intervall von - 180° ausschließlich bis + 180° einschließlich begrenzt. Wir schreiben:

$$\varphi = \text{ Winkel von } z = \text{ Arg}z \text{ („Argument von } z\text{")} \text{ mit } -\pi < \text{Arg}z \leq \pi.$$

Daneben betrachten wir noch die Größe $\arg z = \text{Arg}z + 2\pi n (n = 0, 1, \dots)$ und nennen Arg$z$ den **Hauptwert des Arguments** von z. Bei Benutzung der Winkelfunktionen sin und cos im rechtwinkligen Dreieck $0, a, z$ erkennen wir die Zusammenhänge

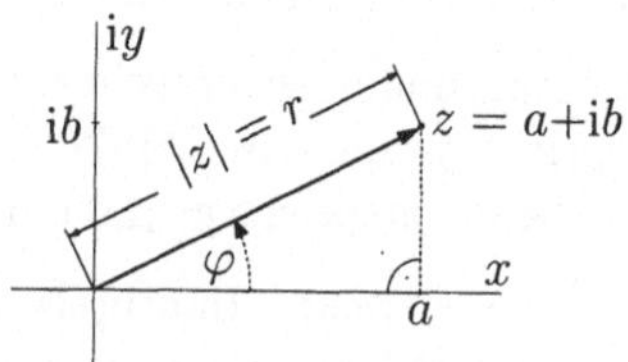

Bild 3: Betrag und Winkel einer komplexen Zahl

$$a = r\cos\varphi = |z|\cdot\cos(\mathrm{Arg}z)$$
$$b = r\sin\varphi = |z|\cdot\sin(\mathrm{Arg}z).$$

Somit gilt für $z = a + ib$ die Gleichung die man als **trigonometrische Darstellung** der komplexen Zahl z bezeichnet.

$$z = a + ib = r\cos\varphi + \mathrm{i}r\sin\varphi = r(\cos\varphi + \mathrm{i}\sin\varphi) = |z|(\cos(\mathrm{Arg}z) + \mathrm{i}\sin(\mathrm{Arg}z))$$

Eine einfache, aber wichtige Grundaufgabe ist die Umrechnung von einer Darstellungsform in die andere.

A. Gegeben ist $z = a + \mathrm{i}b, z \neq 0$. Gesucht ist $z = r(\cos\varphi + \mathrm{i}\sin\varphi)$.
Lösung. Mittels $|z| = \sqrt{a^2+b^2} = r$ erhalten wir den Betrag von z. Wegen $z \neq 0$ ist $r > 0$. Den Winkel $\varphi = \mathrm{Arg}z$ erhalten wir aus den **beiden** Gleichungen $\cos\varphi = \frac{a}{r} = \frac{a}{\sqrt{a^2+b^2}}$ und $\sin\varphi = \frac{b}{r} = \frac{b}{\sqrt{a^2+b^2}}$ durch die Umkehrfunktionen der Winkelfunktionen inklusive Festlegung des Quadranten, in welchem z liegt:

$$\begin{array}{lllll}
\sin\varphi \geq 0, & \cos\varphi \geq 0 & \longleftrightarrow & \text{1. Quadrant} & \longleftrightarrow & 0 \leq \varphi \leq \frac{\pi}{2} \\
\sin\varphi \geq 0, & \cos\varphi \leq 0 & \longleftrightarrow & \text{2. Quadrant} & \longleftrightarrow & \frac{\pi}{2} \leq \varphi \leq \pi \\
\sin\varphi \leq 0, & \cos\varphi \leq 0 & \longleftrightarrow & \text{3. Quadrant} & \longleftrightarrow & -\pi < \varphi \leq -\frac{\pi}{2} \\
\sin\varphi \leq 0, & \cos\varphi \geq 0 & \longleftrightarrow & \text{4. Quadrant} & \longleftrightarrow & -\frac{\pi}{2} \leq \varphi \leq 0
\end{array}$$

B. Gegeben ist $r = |z|$ und $\varphi = \mathrm{Arg}z$. Gesucht ist $z = a + ib$.
Lösung. Wir erhalten wegen $z = r(\cos\varphi + \mathrm{i}\sin\varphi)$ die gesuchte Darstellung sofort aus $a = r\cos\varphi$ und $b = r\sin\varphi$.

Beispiel zu A.

Es sei $z = 3 + 4\mathrm{i}$ gegeben. Dann gilt $|z| = \sqrt{9+16} = 5$ also $\cos\varphi = \frac{3}{5} = 0.6$ und $\sin\varphi = \frac{4}{5} = 0.8$. Also ist $\varphi = \mathrm{Arg}z = \arccos 0.6 = 53.13°$ und z liegt im ersten Quadranten und hat die trigonometrische Darstellung

$$z = 5(\cos\ 53.13° + \mathrm{i}\sin\ 53.13°).$$

Beispiel zu B.

Es sei bekannt, daß $r = |z| = 10^3$ und $\varphi = \mathrm{Arg}z = \frac{\pi}{3}$ gilt.
Dann ist $\sin\varphi = \sin\frac{\pi}{3} = \sin 60° = \frac{1}{2}\sqrt{3} = 0.8660254$ und
$\cos\varphi = \cos\frac{\pi}{3} = \cos 60° = \frac{1}{2} = 0.5$.
Also ist $z = r(\cos\varphi + \mathrm{i}\sin\varphi) = r\cos\varphi + \mathrm{i}r\sin\varphi = 500 + 866.0254\mathrm{i}$ oder $a = 500$ und $b = 866.0254$.

Der eigentliche Vorteil der trigonometrischen Darstellungsform zeigt sich bei der Durchführung der Multiplikation: sind $z_1 = r_2(\cos\varphi_1 + \mathrm{i}\sin\varphi_1)$ und $z_2 = r_2(\cos\varphi_2 + \mathrm{i}\sin\varphi_2)$ zwei gegebene komplexe Zahlen, so gilt nach den Rechengesetzen für die Multiplikation und dem bekannten Additionstheorem für sin und cos

$$\begin{aligned} z_1 \cdot z_2 &= r_1(\cos\varphi_1 + \mathrm{i}\sin\varphi_1) \cdot r_2(\cos\varphi_2 + \mathrm{i}\sin\varphi_2) \\ &= r_1 r_2[(\cos\varphi_1\cos\varphi_2 - \sin\varphi_1\sin\varphi_2) + \mathrm{i}(\sin\varphi_1\cos\varphi_2 + \cos\varphi_1\sin\varphi_2)] \\ &= r_1 r_2(\cos(\varphi_1+\varphi_2) + \mathrm{i}\sin(\varphi_1+\varphi_2)). \end{aligned}$$

Das Ergebnis der Produktbildung ist also eine komplexe Zahl ebenfalls in trigonometrischer Darstellung. Aus dieser letzteren lesen wir ab

$$\left.\begin{aligned} &|z_1 \cdot z_2| = r_1 \cdot r_2 = |z_1| \cdot |z_2| \\ \text{sowie}\quad & \\ &\arg(z_1 \cdot z_2) = \varphi_1 + \varphi_2 = \mathrm{Arg} z_1 + \mathrm{Arg} z_2. \end{aligned}\right\} \tag{2.3}$$

In Worten: „bei der Multiplikation komplexer Zahlen werden die Beträge multipliziert und die Winkel addiert".

Achtung! Die Addition von Winkeln kann aus dem Hauptbereich $-\pi < \varphi \leq \pi$ herausführen! Durch Subtraktion oder Addition von ganzzahligen Vielfachen des Vollwinkels 2π gelangen wir in den Hauptbereich zurück. Daher schreiben wir auf der linken Seite der zweiten Gleichung von (2.3) das Symbol Arg, das diese Reduktion beinhaltet.

Durch Verallgemeinerung der Multiplikationsformel (2.3) erhält man den Satz von De Moivre

$$(\cos\varphi + \mathrm{i}\sin\varphi)^n = \cos n\varphi + \mathrm{i}\sin n\varphi \tag{2.4}$$

$(n = 0, 1, 2, \ldots)$, denn es gilt $|\cos\varphi + \mathrm{i}\sin\varphi| = 1$.

Wie man mittels der Rechenregel für die Division sofort erkennt, gilt die Formel (2.3) auch für $n = -1, -2, \ldots$; insgesamt gilt sie also für alle ganzen Zahlen.

Beispiel 2.1 Man entwickle eine Formel, in der $\cos 3\varphi$ durch $\cos\varphi$ und $\sin\varphi$ ausgedrückt wird. Mit der De Moivreschen Formel erhalten wir

$$(\cos\varphi + \mathrm{i}\sin\varphi)^3 = \cos 3\varphi + \mathrm{i}\sin 3\varphi$$

sowie mittels der binomischen Formel und den Gleichungen $\mathrm{i}^2 = -1, \mathrm{i}^3 = -\mathrm{i}$

und nach Trennen in Real- und Imaginärteil ergibt sich

$$(\cos\varphi + \mathrm{i}\sin\varphi)^3 = \cos^3\varphi + 3\mathrm{i}\cos^2\varphi\sin\varphi + 3\mathrm{i}^2\cos\varphi\sin^2\varphi + \mathrm{i}^3\sin^3\varphi$$

$$= \cos^3\varphi - 3\sin^2\varphi\cos\varphi + \mathrm{i}(3\cos^2\varphi\sin\varphi - \sin^3\varphi) = \cos 3\varphi + \mathrm{i}\sin 3\varphi.$$

Somit folgt durch Vergleich von Real- und Imaginärteil die gewünschte Formel

$$\cos 3\varphi = \cos^3\varphi - 3\sin^2\varphi\cos\varphi,$$

aus der sich mittels der Beziehung $\sin^2\varphi = 1-\cos^2\varphi$ noch die weitere Gleichung (! für alle Winkel φ gültig)

$$\cos 3\varphi = 4\cos^3\varphi - 3\cos\varphi$$

ergibt. Analog folgen

$$\sin 3\varphi = 3\cos^2\varphi\sin\varphi - \sin^3\varphi$$

bzw., mit $\cos^2\varphi = 1 - \sin^2\varphi$, schließlich

$$\sin 3\varphi = 3\sin\varphi - 4\sin^3\varphi.$$

Die erhaltenen Formeln kann man auch nach $\cos^3\varphi$ bzw. $\sin^3\varphi$ auflösen. Man erhält

$$\cos^3\varphi = \frac{1}{4}(3\cos\varphi + \cos 3\varphi) \text{ und } \sin^3\varphi = \frac{1}{4}(3\sin\varphi - \sin 3\varphi),$$

die die Darstellung (Entwicklung) der periodischen Funktionen $\cos^3\varphi$ bzw. $\sin^3\varphi$ nach den periodischen Basisfunktionen $\cos\varphi, \cos 2\varphi, \ldots$, und $\sin\varphi$, $\sin 2\varphi, \ldots$ liefern.

2.2.3 Komplexe Funktionen

Ein besonderer Vorteil der komplexen Zahlen besteht darin, daß man Funktionen, die aus dem Reellen bekannt sind, in natürlicher Weise (d.h. mit Beibehaltung wichtiger Eigenschaften) auf das Komplexe erweitern kann.
Außer den Potenzfunktionen $1, z, z^2, \ldots, z^n, \ldots$ sind dies u. a. und vor allem die Exponentialfunktionen, die trigonometrischen Funktionen und die Hyperbelfunktionen. Wir beginnen mit der Exponentialfunktion.

Definition 2.5 *Es sei $z = x + \mathrm{i}y$ $(x, y \in \mathbf{R})$ eine komplexe Zahl. Wir definieren*

$$e^z := e^{x+\mathrm{i}y} := e^x(\cos y + \mathrm{i}\sin y) \tag{2.5}$$

(Hierbei ist e^x die aus dem Reellen bekannte Exponentialfunktion).

Satz 2.2
(1) *Es gilt $e^z \neq 0$ für alle $z \in \mathbb{C}$.*
(2) *Sind z_1 und z_2 komplexe Zahlen, so gilt stets die Gleichung*

$$e^{z_1+z_2} = e^{z_1} \cdot e^{z_2}.$$

Beweis: (1) Es gilt $|e^z| = |e^x(\cos y + \mathrm{i}\sin y)| = |e^x|\sqrt{\cos^2 y + \sin^2 y} = e^x \cdot \sqrt{1} = e^x \neq 0$, weil die reelle Exponentialfunktion e^x bekanntlich nirgends (d.h. für kein $x \in \mathbf{R}$) verschwindet.
(2) Es gilt $e^{z_1+z_2} = e^{(x_1+\mathrm{i}y_1)+(x_2+\mathrm{i}y_2)}$

$$\begin{aligned}
&= e^{x_1+x_2+\mathrm{i}(y_1+y_2)} \underset{\text{Def.}}{=} e^{x_1+x_2}(\cos(y_1+y_2) + \mathrm{i}\sin(y_1+y_2)) \\
&= e^{x_1} \cdot e^{x_2}(\cos y_1 \cos y_2 - \sin y_1 \sin y_2 + \mathrm{i}(\sin y_1 \cos y_2 + \cos y_1 \sin y_2)) \\
&= e^{x_1}(\cos y_1 + \mathrm{i}\sin y_1)e^{x_2}(\cos y_2 + \mathrm{i}\sin y_2) \underset{\text{Def.}}{=} e^{z_1} \cdot e^{z_2}.
\end{aligned}$$

Hierbei wurden das Potenzgesetz ($a^{x_1+x_2} = a^{x_1} \cdot a^{x_2}$ für $a > 0$) und die Additionstheoreme der reellen trigonometrischen Funktionen cos bzw. sin benutzt.

Mittels der komplexen Exponentialfunktion erhält man sofort die Erweiterung der trigonometrischen Funktionen sowie der Hyperbelfunktionen ins Komplexe.

Definition 2.6 *Für $z \in \mathbb{C}$ setzen wir*

$$\begin{aligned}
\sin z &= \tfrac{1}{2\mathrm{i}}(e^{\mathrm{i}z} - e^{-\mathrm{i}z}), & \cos z &= \tfrac{1}{2}(e^{\mathrm{i}z} + e^{-\mathrm{i}z}), \\
\sinh z &= \tfrac{1}{2}(e^{z} - e^{-z}), & \cosh z &= \tfrac{1}{2}(e^{z} + e^{-z}).
\end{aligned}$$

Anmerkung. Mittels einfacher Rechnung erkennen wir, daß die oben eingeführten Funktionen sämtlich für reelle $z = x$ (also $y = 0$) mit den bekannten (entsprechenden) Funktionen $\sin x, \cos x, \sinh x, \cosh x$ im Reellen übereinstimmen ($x \in \mathbf{R}$) und ferner den Additionstheoremen für diese Funktionen wie im

Reellen genügen. Zum Beispiel gilt (nach wie vor) die Gleichung

$$\sin(z_1 + z_2) = \sin z_1 \cos z_2 + \cos z_1 \sin z_2 \tag{2.6}$$

für beliebige komplexe Zahlen z_1, z_2.

Aus der (auf L. EULER zurückgehenden) Formel (2.4) gewinnt man noch eine weitere Darstellungsmöglichkeit für komplexe Zahlen, nämlich die exponentielle Form der komplexen Zahlen. Der Formel (2.4) entnimmt man nämlich für $x = 0$ die Beziehung ($\mathrm{e}^o = 1$)

$$\mathrm{e}^{\mathrm{i}y} = \cos y + \mathrm{i} \sin y, \tag{2.7}$$

die wir zum Ausgangspunkt der exponentiellen Darstellung von komplexen Zahlen machen können.
Gegeben sei die komplexe Zahl ($a, b \in \mathbf{R}$)

$$z = a + \mathrm{i}b, \quad r = |z| = \sqrt{a^2 + b^2}, \quad \varphi = \mathrm{Arg} z.$$

Dann lautet die trigonometrische Darstellung (s. o.)

$$z = |z|(\cos\varphi + \mathrm{i}\sin\varphi), \text{ d.h., } a = |z|\cos\varphi \text{ und } b = |z|\sin\varphi.$$

Mittels (2.4) (die reelle Zahl y kann selbstverständlich mit der reellen Zahl φ belegt werden!) erhalten wir die *exponentielle Form der komplexen Zahlen:*

$$z = |z|\mathrm{e}^{\mathrm{i}\varphi} = r\mathrm{e}^{\mathrm{i}\varphi} = |z|\mathrm{e}^{\mathrm{i}\mathrm{Arg} z}. \tag{2.8}$$

Ersichtlich gilt die Gleichung $z^* = x - \mathrm{i}y$ und damit

$$z^* = |z|(\cos\varphi - \mathrm{i}\sin\varphi) = |z|(\cos\varphi + \mathrm{i}\sin(-\varphi))|z|\mathrm{e}^{-\mathrm{i}\varphi} = |z|\mathrm{e}^{-\mathrm{i}\mathrm{Arg} z}$$

für die konjugiert-komplexe Zahl $z^* = a - \mathrm{i}b$.

Beispiel 2.2 Man gebe die exponentielle Form der komplexen Zahl $z = 3 + 4\mathrm{i}$ an.

Lösung. Es gilt $r = |z| = \sqrt{3^2 + 4^2} = \sqrt{25} = 5$, also wegen $z = r(\cos\varphi + \mathrm{i}\sin\varphi)$ (trigonometrische Form von z) wird $z = 5\left(\frac{3}{5} + \frac{4}{5}\mathrm{i}\right)$ also $\cos\varphi = \frac{3}{5} = 0.6, \sin\varphi = \frac{4}{5} = 0.8$. Der einzige Winkel $\varphi \in (-\pi, \pi]$, der diesen Gleichungen genügt, liegt im ersten Quadranten, es gilt (Tafelgenauigkeit oder Taschenrechner)

$$\varphi = 53°7'48'' \approx 53.13°.$$

Somit lautet die exponentielle Form $z = 5\mathrm{e}^{(53.13°)\mathrm{i}}$.

Beispiel 2.3 Man gebe die algebraische Form der komplexen Zahl $z = 4e^{i\frac{\pi}{4}}$ an.

Lösung. $z = 4e^{i\frac{\pi}{4}} = 4(\cos\frac{\pi}{4} + i\sin\frac{\pi}{4})$

$$= 4\left(\frac{1}{2}\sqrt{2} + \frac{i}{2}\sqrt{2}\right) = 2\sqrt{2} + 2\sqrt{2}i = 2\sqrt{2}(1+i) = 2.8284 + 2.8284i.$$

Anmerkung. Wie wir an den obigen Beispielen erkennen, ist es ohne Belang, ob die Winkelgröße $\varphi = \operatorname{Arg} z$ im Bogenmaß (Beispiel 2.3) oder im Gradmaß (Beispiel 2.2) verwendet wird.

2.2.4 Wurzeln einer komplexen Zahl

Für eine gegebene komplexe Zahl $z \in \mathbb{C}$ und eine beliebige natürliche Zahl $n \in \mathbb{N}, n > 1$ sind solche Zahlen $w \in \mathbb{C}$ gesucht, die der Gleichung

$$w^n = z \tag{2.9}$$

genügen. Eine derartige Zahl w heißt *n-te Wurzel* der komplexen Zahl z. Für die Suche nach w gilt folgender Plan: man schreibt die Zahlen z und w jeweils in der trigonometrischen Form, berechnet die n-te Potenz von w und versucht, aus der Gleichheit (2.8) die Zahl(en) w zu bestimmen. Es seien $z = r(\cos\varphi + i\sin\varphi)$ und $w = R(\cos\alpha + i\sin\alpha)$, d.h. $|z| = r, |w| = R, \arg(z) = \varphi, \arg(w) = \alpha$. Dann ist nach der Forderung der Gleichheit in (2.8) $w^n = R^n(\cos n\alpha + i\sin n\alpha) = r(\cos\varphi + i\sin\varphi)$, woraus sich $R^n = r$ und $n\alpha = \varphi + 2k\pi$ ergeben. Wir erhalten somit

$$R = \sqrt[n]{r} \quad \text{und} \quad \alpha = \frac{\varphi}{n} + \frac{2k\pi}{n}, \tag{2.10}$$

wobei für k die Werte $k = 0, \pm1, \pm2, \ldots$ zugelassen sind. Es ergeben sich aber nicht unendlich viele verschiedene Werte für α. Wir zeigen, daß lediglich für $k = 0, 1, 2, \ldots, n-1$ verschiedene Werte α_k und daher n verschiedene (komplexe) Wurzeln aus der Zahl z entstehen, während R aus (2.3) bereits eindeutig festliegt.

$$\begin{array}{ll}
\alpha_0 = \frac{\varphi}{n} & w_0 = \sqrt[n]{r}(\cos\frac{\varphi}{n} + i\sin\frac{\varphi}{n}) \\
\alpha_1 = \frac{\varphi}{n} + \frac{2\pi}{n} & w_1 = \sqrt[n]{r}(\cos(\frac{\varphi}{n} + \frac{2\pi}{n}) + i\sin(\frac{\varphi}{n} + \frac{2\pi}{n})) \\
\alpha_2 = \frac{\varphi}{n} + \frac{4\pi}{n} & w_2 = \sqrt[n]{r}(\cos(\frac{\varphi}{n} + \frac{4\pi}{n}) + i\sin(\frac{\varphi}{n} + \frac{4\pi}{n})) \\
\vdots & \vdots \\
\alpha_{n-1} = \frac{\varphi}{n} + \frac{2(n-1)\pi}{n} & w_{n-1} = \sqrt[n]{r}(\cos(\frac{\varphi}{n} + \frac{2(n-1)\pi}{n}) + i\sin(\frac{\varphi}{n} + \frac{2(n-1)\pi}{n})) \\
\alpha_n = \frac{\varphi}{n} + 2\pi & w_n = \sqrt[n]{r}(\cos(\frac{\varphi}{n} + \frac{2n\pi}{n}) + i\sin(\frac{\varphi}{n} + \frac{2n\pi}{n})) = w_0.
\end{array}$$

Die Zahlen

$$w_k = \sqrt[n]{r}(\cos(\frac{\varphi}{n} + \frac{2k\pi}{n}) + \mathrm{i}\sin(\frac{\varphi}{n} + \frac{2k\pi}{n})), \quad k = 0, 1, \ldots, n-1$$

sind die n-ten Wurzeln aus z und werden mit $\sqrt[n]{z}$ bezeichnet. Für $z = 0$ setzt man $w = 0$, was wegen der Implikation $r = 0 \Longrightarrow R = 0$ gerechtfertigt ist. Die Zahl $w_0 = \sqrt[n]{r}(\cos\frac{\varphi}{n} + \mathrm{i}\sin\frac{\varphi}{n})$ heißt der *Hauptwert* der n-ten Wurzel aus z, und wir schreiben dafür $w_0 \underset{(\mathrm{H})}{=} \sqrt[n]{z}$. Alle weiteren Wurzelwerte ergeben sich aus w_0 durch Multiplikation mit dem Faktor $\varepsilon = \cos\frac{2\pi}{n} + \mathrm{i}\sin\frac{2\pi}{n}$, der einer Drehung um den Winkel $\frac{2\pi}{n}$ (gegen den Uhrzeigersinn) entspricht. Nach n-maliger Drehung um diesen Winkel ist man beim Ausgangspunkt w_0 wieder angelangt ($w_n = w_0$) und erhält somit keine weiteren Wurzelwerte außer $w_0, \ldots, w_{n-1}$. Diese Wurzelwerte bilden auf dem Kreis mit dem Radius $R = \sqrt[n]{r}$ ein regelmäßiges n-Eck.

Beispiel 2.4 Die Quadratwurzel $\sqrt{z}$, (Spezialfall $n = 2$). Sie hat zwei unterschiedliche Werte; mit $r = \sqrt{|z|}$ ergibt sich

$$w_0 = r(\cos\frac{\varphi}{2} + \mathrm{i}\sin\frac{\varphi}{2}) \text{ und } w_1 = r(\cos(\frac{\varphi}{2} + \pi) + \mathrm{i}\sin(\frac{\varphi}{2} + \pi)) = -w_0.$$

Beispiel 2.5 Die n Einheitswurzeln $w = \sqrt[n]{1}, n \geq 1$. In diesem Falle ist $z = 1$, also eine Zahl mit der trigonometrischen Darstellung $1 = \cos 0 + \mathrm{i}\sin 0$. Demzufolge sind die (komplexen) Wurzeln aus 1 die Zahlen

$$w_0 = 1, w_1 = \cos\frac{2\pi}{n} + \mathrm{i}\sin\frac{2\pi}{n}, \ldots, w_{n-1} = \cos\frac{2(n-1)\pi}{n} + \mathrm{i}\sin\frac{2(n-1)\pi}{n}.$$

Die Zahl w_1 stimmt mit dem oben genannen Drehfaktor ε überein.

Die exponentielle Form erlaubt auch die einfachste Beschreibung des Wurzelziehens im Komplexen. Es gilt nämlich für $z \neq 0$ und $n \in \mathbb{N}$ die Gleichung

$$\sqrt[n]{z} \underset{(\mathrm{H})}{=} \sqrt[n]{|z|}\mathrm{e}^{\mathrm{i}\frac{\varphi}{n}} = \sqrt[n]{|z|}\mathrm{e}^{\mathrm{i}\frac{1}{n}\mathrm{Arg}z} \qquad (\varphi = \mathrm{Arg}z)$$

für den Hauptwert der n-ten Wurzel. Die *weiteren* Wurzelwerte ergeben sich in der Form (s. o.)

$$\sqrt[n]{z} = \sqrt[n]{|z|}\mathrm{e}^{\mathrm{i}(\frac{\varphi+2k\pi}{n})} = \sqrt[n]{|z|}\mathrm{e}^{\mathrm{i}\frac{\varphi}{n}} \cdot \mathrm{e}^{\mathrm{i}\frac{2k\pi}{n}}$$

$$\underset{(\mathrm{H})}{=} \sqrt[n]{z} \cdot \mathrm{e}^{\mathrm{i}\frac{2k\pi}{n}} \underset{(\mathrm{H})}{=} \sqrt[n]{z}\left(\mathrm{e}^{\mathrm{i}\frac{2\pi}{n}}\right)^k \underset{(\mathrm{H})}{=} \sqrt[n]{z} \cdot \varepsilon^k \quad (k = 1, \ldots, n-1),$$

wobei $\varepsilon = e^{i\frac{2\pi}{n}}$ den Hauptwert der n-ten Einheitswurzel bezeichnet.
Also gilt einfach ($\varphi = \operatorname{Arg} z$)

$$\sqrt[n]{z} = \sqrt[n]{|z|}e^{i\frac{\varphi}{n}} \cdot e^{i\frac{2k\pi}{n}} \qquad \text{für } k = 0, \ldots, n-1,$$

und man sieht, daß keine weiteren Wurzelwerte auftreten können, wegen $e^{2\pi i} = \cos 2\pi + i \sin 2\pi = \cos 2\pi = 1$ wiederholen sich die Wurzelwerte für $k = n, n+1, \ldots$ periodisch.

Beispiel 2.6 Wir wiederholen nochmals die Bildung der Quadratwurzel (Spezialfall $n = 2$).
Es gilt für $z \neq 0$ die Beziehung (s. o.)

$$\sqrt{z} = \sqrt{|z|}e^{i\frac{\varphi}{2}} \cdot e^{ik\pi} \quad \text{für } k = 0, 1.$$

Also ist $\underset{(H)}{\sqrt{z}} = \sqrt{|z|}e^{i\frac{\varphi}{2}}$ und der zweite Wurzelwert ist gegeben durch

$$\sqrt{z} = \sqrt{|z|}e^{i\frac{\varphi}{2}} \cdot e^{i\pi} = \underset{(H)}{\sqrt{z}}(\underbrace{\cos\pi}_{=-1} + i\underbrace{\sin\pi}_{=0}) = -\underset{(H)}{\sqrt{z}}.$$

2.3 Anwendung: die rechnerische Beherrschung der ebenen Geometrie

2.3.1 Punkte und Geraden

Vorbemerkung

In der komplexen Zahlenebene ist die Interpretation der komplexen Zahl $z = x + iy$ als *Punkt* (x, y) unmittelbar gegeben: dort, wo in der reellen (x, y)-Ebene $\mathbf{R}^2$ der Punkt $P(x, y)$ liegt, befindet sich in der komplexen Ebene $\mathbb{C}$ genau die komplexe Zahl $z = x + iy$; beide werden daher als identisch betrachtet.

2.3.2 Gerade durch zwei Punkte

Gegeben seien zwei verschiedene Punkte z_1, z_2 der komplexen Ebene. Geometrisch bestimmen beide Punkte genau eine *Gerade* g, auf der beide Punkte liegen. Ein beliebiger „allgemeiner" Punkt z auf der Geraden g ist durch die folgende Eigenschaft gekennzeichnet (s. Bild 4): der Differenzvektor $z - z_1$ ist ein reelles Vielfaches des Differenzvektors $z_2 - z_1$. Es gilt also

$z - z_1 = t(z_2 - z_1)$ mit $t \in \mathbf{R}$.
Die Umstellung nach z liefert die *Parameterdarstellung* der Geraden durch z_1 und z_2 :

$$z = z(t) = z_1 + t(z_2 - z_1) \; (t \in \mathbf{R})$$

Durchläuft der *Parameter* t alle reellen Zahlen, so durchläuft der Punkt $z = z(t)$ alle Punkte der Geraden g.

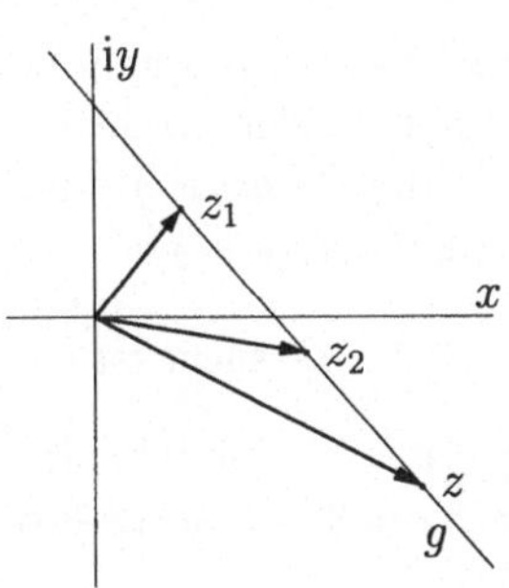

Bild 4: Parameterdarstellung einer Geraden

Für $t = 0$ erhalten wir z.B. den Punkt $z(0) = z_1$, für $t = 1$ ergibt sich $z(1) = z_1 + z_2 - z_1 = z_2$; für $t = \frac{1}{2}$ erhalten wir den *Mittelpunkt* der Verbindungsstrecke $[z_1, z_2]$, nämlich

$$z(\tfrac{1}{2}) = z_1 + \tfrac{1}{2}(z_2 - z_1) = \tfrac{1}{2}(z_1 + z_2).$$

2.3.3 Schnittpunkt zweier Geraden

Gegeben seien zwei Geraden g_1, g_2 durch je zwei Punkte z_1, z_2 bzw. w_1, w_2

$$\begin{aligned} g_1 &: z = z_1 + t(z_2 - z_1) && \text{(Parameter: } t \in \mathbf{R}) \\ g_2 &: z = w_1 + s(w_2 - w_1) && \text{(Parameter: } s \in \mathbf{R}). \end{aligned}$$

Für einen Schnittpunkt z_0 beider Geraden müssen beide Gleichungen gleichzeitig gelten, d.h., mit *speziellen* Parameterwerten gilt $z(t) = z(s)$, also

$$z_1 + t(z_2 - z_1) = w_1 + s(w_2 - w_1)$$

oder

$$t(z_2 - z_1) + s(w_1 - w_2) = w_1 - z_1.$$

Nach Trennen in Real- bzw. Imaginärteil und Vergleich beider Seiten entsteht ein (lineares) Gleichungssystem für t, s, bestehend aus zwei Gleichungen.

Folgende Fälle sind möglich:

1. Das Gleichungssystem für s, t hat genau eine Lösung
   $\longleftrightarrow$ die Geraden g_1 und g_2 schneiden sich in genau einem Punkt.

2. Das Gleichungssystem für s, t hat unendlich viele Lösungen
   $\longleftrightarrow$ die Geraden g_1 und g_2 sind identisch.

3. Das Gleichungssystem für s, t hat keine Lösung, weil sich die beiden Gleichungen widersprechen
$\longleftrightarrow$ die Geraden g_1 und g_2 schneiden sich nicht und sind daher parallel zueinander $(g_1 \| g_2)$.

Beispiel 2.7 Gesucht ist der Schnittpunkt der beiden Geraden

$$\begin{aligned} g_1 &: z = 1 + \mathrm{i} + t(1 - \mathrm{i}) \quad (t \in \mathbf{R}) \\ g_2 &: z = 3 + 4\mathrm{i} + s(2 + \mathrm{i}) \quad (s \in \mathbf{R}) \end{aligned}$$

Schnittpunktbedingung

$$1 + \mathrm{i} + t(1 - \mathrm{i}) = 3 + 4\mathrm{i} + s(2 + \mathrm{i})$$

oder

$$t(1 - \mathrm{i}) - s(2 + \mathrm{i}) = 2 + 3\mathrm{i}$$

Trennung in Real- und Imaginärteil liefert das Gleichungssystem:

$$\begin{aligned} t - 2s &= 2 \\ -t - s &= 3. \end{aligned}$$

Durch Addition beider Gleichungen erhält man sofort die Beziehung $-3s = 5$ oder $s = -\frac{5}{3}$, und Einsetzen dieses für s gefundenen Wertes in eine der beiden Gleichungen ergibt $t = -\frac{4}{3}$. Es liegt also Fall 1) oben vor. Der (einzige) Schnittpunkt der Geraden g_1 und g_2 ist der Punkt $g_1 : z(t) = 1 + \mathrm{i} - \frac{4}{3}(1 - \mathrm{i}) = -\frac{1}{3} + \frac{7}{3}\mathrm{i}$. Das heißt, $g_1 \cap g_2 = \{(-\frac{1}{3} + \frac{7}{3}\mathrm{i})\}$.
Rechenkontrolle:

$$g_2 : z(s) = z(-\frac{5}{3}) = 3 + 4\mathrm{i} - \frac{5}{3}(2 + \mathrm{i}) = -\frac{1}{3} + \frac{7}{3}\mathrm{i} = z(t).$$

Schlußbemerkung

Da jede Gerade durch zwei auf ihr liegende verschiedene Punkte bestimmt ist, kann jede Gerade in der Ebene durch eine Parameterdarstellung der Form

$$z = z(t) = z_1 + t(z_2 - z_1) \quad (t \in \mathbf{R})$$

beschrieben werden. Gleichwertig dazu ist die Punkt-Richtungs-Form

$$z = z(t) = z_0 + t w_0 \quad (t \in \mathbf{R})$$

mit $w_0 \neq 0$, wobei z_0 einen "Anfangspunkt" auf der Geraden und $w_0 \neq 0$ einen "Richtungsvektor" der Geraden bezeichnet.

2.3.4 Die Kreislinie

Eine *Kreislinie* ist erklärt als die Menge aller Punkte, die von einem gegebenen festen Punkt z_0 einen gegebenen konstanten Abstand $R > 0$ haben. In Formeln:

$$\mathcal{K} = \{z \in \mathbb{C} \mid |z - z_0| = R\}.$$

Die Gleichung

$$|z - z_0| = R \tag{2.11}$$

bezeichnet man auch als *Kreisgleichung;* z_0 ist der *Mittelpunkt*, R der *Radius* des Kreises. Die Gleichung (2.11) ist gleichwertig zur Gleichung

$$|z - z_0|^2 = R^2$$

und diese wiederum kann äquivalent umgeformt werden zu

$$\begin{aligned} R^2 &= |z - z_0|^2 = (z - z_0)(z - z_0)^* = (z - z_0)(z^* - z_0^*) \\ &= zz^* - z_0 z^* - z_0^* z + z_0 z_0^* \Longleftrightarrow \end{aligned}$$

oder

$$|z|^2 - z_0(z^*) - z_0^* z + |z_0|^2 = R^2$$

und mit $z = x + \mathrm{i}y,\ z^* = x - \mathrm{i}y$

$(z_0 = x_0 + \mathrm{i}y_0, z_0^* = x_0 - \mathrm{i}y_0)$ folgt

$$x^2 + y^2 - 2xx_0 - 2yy_0 + x_0^2 + y_0^2 = R^2$$

oder

$$(x - x_0)^2 + (y - y_0)^2 = R^2. \tag{2.12}$$

Das ist die Kreisgleichung in der schulmäßigen Standard-Form.
Bei der Ermittlung von Schnittpunkten eines Kreises mit einer Geraden wird man auf eine quadratische Gleichung (für eine reelle Unbekannte) geführt. Diese Gleichung kann zwei, eine oder überhaupt keine (reelle) Lösung besitzen, was mit den geometrisch möglichen Fällen übereinstimmt.

2.3.5 Geometrische Kongruenzoperationen: Drehung, Spiegelung und Translation

Drehungen. Multiplizieren wir eine komplexe Zahl z mit dem Faktor $\mathrm{e}^{\mathrm{i}\alpha}$; α reell, gegeben, so wird zum Winkel $\operatorname{Arg} z$ von z der Winkel α addiert, wegen $|\mathrm{e}^{\mathrm{i}\alpha}| = |\cos\alpha + \mathrm{i}\sin\alpha| = (\cos^2\alpha + \sin^2\alpha)^{\frac{1}{2}} = 1$ bleibt die Länge von z, also $|z|$, bei dieser Multiplikation ungeändert. Es wird also eine „reine" Drehung um den Winkel α ausgeführt beim Übergang von z zu $z' = \mathrm{e}^{\mathrm{i}\alpha} \cdot z$.
Mit $z' = x' + \mathrm{i}y', z = x + \mathrm{i}y, \mathrm{e}^{\mathrm{i}\alpha} = \cos\alpha + \mathrm{i}\sin\alpha$ lautet diese Gleichung

$$\begin{aligned} x' + \mathrm{i}y' &= \mathrm{e}^{\mathrm{i}\alpha}(x + \mathrm{i}y) = (\cos\alpha + \mathrm{i}\sin\alpha)(x + \mathrm{i}y) \\ &= x\cos\alpha - y\sin\alpha + \mathrm{i}(x\sin\alpha + y\cos\alpha), \end{aligned}$$

nach Trennung von Real- und Imaginärteil also

$$\mathbf{x}' = \mathbf{x}\cos\alpha - \mathbf{y}\sin\alpha, \quad \mathbf{y}' = \mathbf{x}\sin\alpha + \mathbf{y}\cos\alpha. \tag{2.13}$$

Spiegelungen. Der Begriff der Spiegelung bedarf stets einer näheren Bestimmung. Will man z.B. einen Vektor $z \in \mathbb{C}$ am Nullpunkt 0 spiegeln, so ist dies einfach der Übergang von z zu $z' = -z$, entspricht also auch einer Drehung um 180° („Kehrtwende"). Die eigentlichen Spiegelungen in $\mathbb{C}$ sind Spiegelungen an einer Geraden g, der Übergang von z zu z_s. Ist die Gerade g speziell die reelle Achse (x-Achse), so gilt ersichtlich

$$z_s = z^*$$

(s. Bild 5).

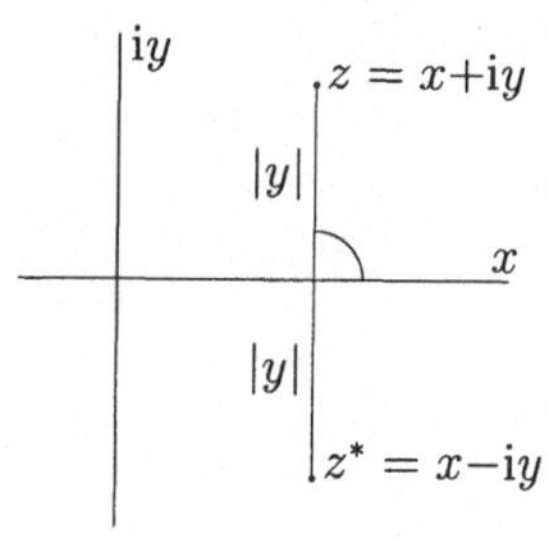

Bild 5: Spiegelung an reeller Achse

Es sei nun g eine Gerade durch den Nullpunkt, die nicht mit der reellen Achse (x-Achse) zusammenfällt. Die Gerade g besitzt dann einen von 0 und π verschiedenen Anstiegswinkel α gegen die positive x-Richtung mit $0 < \alpha < \pi$ (s. Bild 6), der entgegen dem Uhrzeigersinn positiv gezählt wird.
Zum Ausgangspunkt $z \notin g$ bestimmen wir den Spiegelpunkt z_s folgendermaßen.

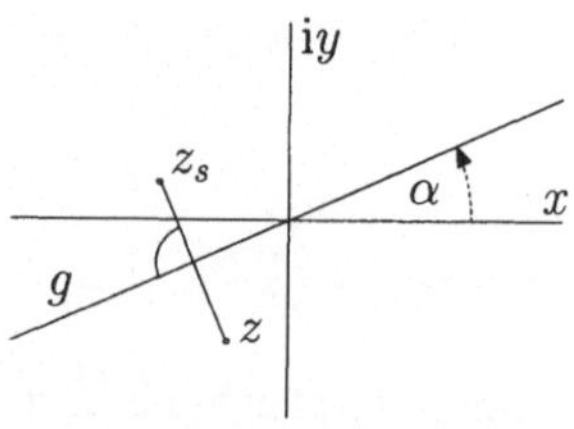

Bild 6: Spiegelung an beliebiger Achse

Wir drehen die Gerade g und den Punkt z um den Winkel $(-\alpha)$, so daß g dann mit der x-Achse zusammenfällt.

An der x-Achse spiegeln wir den so gedrehten Punkt wie oben mit der Operation „*" (Übergang zur konjugiert komplexen Zahl), drehen anschließend diesen Punkt und die Gerade wieder zurück um den Winkel α in die ursprüngliche Lage und erhalten so den gesuchten Spiegelpunkt z_s.
In Gleichungen lautet dieses Vorgehen

$$z_s = e^{\mathrm{i}\alpha} \cdot (z \cdot e^{-\mathrm{i}\alpha})^* = z^* \cdot e^{2\mathrm{i}\alpha} \quad \text{(Spiegelpunktformel)} \tag{2.14}$$

Spiegelt man z_s nochmals, etwa an einer Geraden g' durch den Nullpunkt mit dem Anstiegswinkel $\beta (0 \leq \beta < \pi)$, so erhält man den zweifach gespiegelten Punkt z_{ss} in der Form

$$\begin{aligned} z_{ss} &= z_s^* \cdot e^{2\mathrm{i}\beta} = (z^* e^{2\mathrm{i}\alpha})^* e^{2\mathrm{i}\beta} = z^{**}(e^{2\mathrm{i}\alpha})^* e^{2\mathrm{i}\beta} \\ &= z \cdot e^{-2\mathrm{i}\alpha} \cdot e^{2\mathrm{i}\beta} = e^{2\mathrm{i}(\beta-\alpha)} z. \end{aligned} \tag{2.15}$$

Ein Vergleich mit der Spiegelpunktformel (2.7) oben zeigt folgendes:
Der zweifach gespiegelte Punkt entsteht aus dem Ausgangspunkt durch Drehung um den Winkel $2(\beta - \alpha)$. Eine doppelte Spiegelung an Geraden in der Ebene liefert also stets eine Drehung. Die Spiegelungen sind somit (die) „Elementarbausteine" für Kongruenztransformationen in der Ebene. Als weiterer Elementarbaustein kommt noch die Translation hinzu.

Translation. Die Translationen sind die einfachsten Kongruenztransformationen. Sie beinhalten einfach eine *Parallelverschiebung* aller Punkte der komplexen Ebene um einen festen Vektor z_0. Die Gleichungsform der Verschiebung $z \mapsto z'$ lautet

$$z' = z + z_0. \tag{2.16}$$

Schlußbemerkung. Eine beliebige Kongruenztransformation in der Ebene setzt sich stets aus den genannten elementaren Kongruenztransformationen zusammen (durch Nacheinanderausführen) und kann, wie wir gesehen haben, stets als eine Zusammensetzung von mehreren Translationen und mehreren Spiegelungen aufgefaßt werden.
Bei einer Kongruenztransformation bleiben alle Abstände und Winkel der transformierten geometrischen Objekte erhalten; bei einer ungeradzahligen Anzahl von Spiegelungen ändert sich aber die Orientierung (Umlaufsinn um ein Dreieck).

2.4 Polynome im Komplexen. Der Fundamentalsatz der Algebra

Wie wir im Abschnitt 2.2.3 gesehen haben, lassen sich die elementaren Funktionen $e^x, \sin x, \cos x, \sinh x, \cosh x, \ldots (x \in \mathbb{R})$ vom Reellen in das Komplexe übertragen und somit erweitern. Die einfachsten Funktionen, für die eine solche Erweiterung möglich und sehr wichtig ist, sind die **Polynome.**
Die Definition bereitet in diesem Fall keinerlei Schwierigkeiten. Dem reellen Polynom vom Grade n ($n \in \mathbb{N}$, fest, oder $n = 0$)

$$P_n(x) = \sum_{k=0}^{n} a_k x^k = a_0 + a_1 x + \cdots + a_n x^n \quad (x \in \mathbb{R})$$

mit den Koeffizienten a_k (a_k gegebene reelle Zahlen, $k = 0, 1, \ldots, n;\ a_n \neq 0$) entspricht im Komplexen ein Polynom n-ten Grades ($n \in \mathbb{N}$ oder $n = 0$)

$$P_n(z) = \sum_{k=0}^{n} A_k z^k = A_0 + A_1 z + \cdots + A_n z^n \quad (z \in \mathbb{C})$$

mit den Koeffizienten A_k (A_k gegebene komplexe – oder reelle – Zahlen, $k = 0, 1, \ldots, n;\ A_n \neq 0$).
Zwei Polynome sind genau dann gleich, wenn sie in Grad und Koeffizienten übereinstimmen. Die wichtigsten Merkmale eines Polynoms sind seine **Nullstellen,** also diejenigen Werte $z \in \mathbb{C}$ mit

$$P_n(z) = 0.$$

Ist $z_0 \in \mathbb{C}$ eine Nullstelle von $P_n(z)$, gilt also $P_n(z_0) = 0$, so ist die Funktion $z \mapsto P_n(z)$ ohne Rest teilbar durch den **Linearfaktor** $(z - z_0)$.
Es gilt also

$$P_n(z) = (z - z_0) Q_{n-1}(z)$$

mit einem Polynom $Q_{n-1}(z)$ vom Grad $n - 1$. Man erkennt diesen Sachverhalt durch die *allgemeine* Betrachtung der Differenz

$$P_n(z) - P_n(z_0) = \sum_{k=0}^{n} A_k z^k - \sum_{k=0}^{n} A_k z_0^k$$

$$= A_1(z - z_0) + A_2(z^2 - z_0^2) + \cdots + A_n(z^n - z_0^n) = \sum_{k=1}^{n} A_k (z^k - z_0^k),$$

in der jeder Summand $A_k(z^k - z_0^k)$ wegen des Bestehens der Gleichung

$$z^k - z_0^k = (z - z_0)[z^{k-1} + z^{k-2}z_0 + \cdots + zz_0^{k-2} + z_0^{k-1}]$$

durch $(z - z_0)$ teilbar ist. Im Fall $P_n(z_0) = 0$ folgt dann sofort die Behauptung, daß sich der Linearfaktor $(z - z_0)$ aus $P_n(z)$ abspalten läßt.
Gegebenenfalls enthält $P_n(z)$ den Linearfaktor $(z - z_0)$ mehrfach, d. h., es gilt die Gleichung

$$P_n(z) = (z - z_0)^m Q_{n-m}(z),$$

wobei $Q_{n-m}(z)$ ein Polynom vom Grad $n - m$ ist, das den Linearfaktor $(z - z_0)$ nicht mehr enthält, d. h., es gilt notwendig

$$Q_{n-m}(z_0) \neq 0.$$

In diesem Fall (dem Fall eines maximalen Wertes von m) nennen wir die Zahl m die **Vielfachheit der Nullstelle** z_0 von $P_n(z)$. Der **Fundamentalsatz der Algebra** sagt aus, daß sich **jedes** Polynom vom Grad $n \in \mathbb{N}$ vollständig in Linearfaktoren zerlegen läßt, so daß zum Schluß nur eine Konstante $A = Q_{n-n}(z) \neq 0$ übrigbleibt. Das heißt, es gilt

$$P_n(z) = \sum_{k=0}^{n} A_k z^k = A(z - z_0)^{m_0} \cdot (z - z_1)^{m_1} \cdots (z - z_p)^{m_p}.$$

Dabei sind $z_0, z_1, \ldots, z_p$ die **verschiedenen** Nullstellen von $P_n(z)$ und $m_0, m_1, \ldots, m_p$ sind die zugehörigen Vielfachheiten. Im Sinne einer Summenbilanz gilt dabei die Gleichung

$$\sum_{k=0}^{p} m_k = m_0 + m_1 + \cdots + m_p = n.$$

In Worten wird diese grundlegende Aussage auch wie folgt formuliert:

„Jedes Polynom n-ten Grades hat (im Komplexen) genau n Nullstellen, wenn jede Nullstelle so oft gezählt wird, wie ihre Vielfachheit angibt, und läßt sich als Produkt der entsprechend oft auftretenden Linearfaktoren und einem konstanten Faktor darstellen."

Beispiel 2.8 Ein Polynom braucht, obwohl alle seine Koeffizienten reell sind, keine reellen Nullstellen zu besitzen; so z. B.

$$P_2(z) = 1 + z^2.$$

Es gilt also: $A_0 = 1, A_1 = 0, A_2 = 1$ und ebenso ersichtlich

$$P_2(z) = 1 + z^2 = (z - \mathrm{i})(z + \mathrm{i}),$$

d. h., $P_2(z)$ hat genau die beiden Nullstellen $z_0 = \mathrm{i}, z_1 = -\mathrm{i}$, jeweils mit der Vielfachheit 1 ($m_0 = 1, m_1 = 1, m_0 + m_1 = 2$).

Beispiel 2.9 Wir betrachten das Polynom

$$P_5(z) = 1 - z^5.$$

Hier gilt $A_0 = 1, A_1 = A_2 = A_3 = A_4 = 0, A_5 = -1$. Die Nullstellen von $P_5(z)$ sind ersichtlich die Lösungen der Gleichung $z^5 = 1$, also die sog. fünften Einheitswurzeln. Wie wir in Abschnitt 2.2.4 gesehen haben, sind dies die Wurzelwerte (= Nullstellen von $P_5(z)$)

$$w_0 = 1,\ w_1 = \mathrm{e}^{\frac{2\pi \mathrm{i}}{5}},\ w_2 = \mathrm{e}^{\frac{4\pi \mathrm{i}}{5}},\ w_3 = \mathrm{e}^{\frac{6\pi \mathrm{i}}{5}},\ w_4 = \mathrm{e}^{\frac{8\pi \mathrm{i}}{5}}.$$

Somit gilt

$$P_5(z) = 1 - z^5$$

$$= A(z - w_0)(z - w_1)(z - w_2)(z - w_3)(z - w_4) = Az^5 + \ldots$$

Durch Koeffizientenvergleich stellen wir fest, daß $A = -1$ gilt und erhalten damit endgültig

$$P_5(z) = 1 - z^5 = (-1)(z - w_0)(z - w_1)(z - w_2)(z - w_3)(z - w_4)$$

als Zerlegung von $P_5(z)$ in Linearfaktoren.
Bei diesem Beispiel ergibt sich noch die folgende Beobachtung. Je zwei der Nullstellen w_1, w_2, w_3, w_4 sind zueinander konjugiert-komplex.
Es gilt (Nachrechnen!)

$$\begin{aligned} w_1^* &= w_4 \\ w_2^* &= w_3. \end{aligned}$$

Faßt man nun die Linearfaktoren $(z - w_1)$ und $(z - w_4) = (z - w_1^*)$ sowie $(z - w_2)$ und $(z - w_3) = (z - w_2^*)$ zusammen, so entstehen quadratische Polynome mit **reellen** Koeffizienten:

$$(z - w_1)(z - w_4) = (z - w_1)(z - w_1^*) = z^2 - (w_1 + w_1^*)z + w_1 w_1^*$$

$$= z^2 - 2(\mathrm{Re}\, w_1)z + |w_1|^2 = z^2 - 2(\mathrm{Re}\, w_1)z + 1$$

und völlig analog

$$(z - w_2)(z - w_3) = (z - w_2)(z - w_2^*) = z^2 - 2(\mathrm{Re} w_2)z + 1.$$

Dabei ist zu beachten, daß $w_1 w_1^* = (w_1)^2 = 1$ gilt, ebenso $w_2 w_2^* = 1$.
Wegen $w_1 = e^{\frac{2\pi}{5}i} = \cos\frac{2\pi}{5} + i\sin\frac{2\pi}{5}$, $w_2 = \cos\frac{4\pi}{5} + i\sin\frac{4\pi}{5}$ gilt

$$\mathrm{Re}\, w_1 = \cos\frac{2\pi}{5} =: \sigma_1; \quad \mathrm{Re}\, w_2 = \cos\frac{4\pi}{5} =: \sigma_2$$

(Zahlenwerte $\sigma_1 = 0.309017$, $\sigma_2 = -0.809017$). Somit erhalten wir für das (komplexe) Polynom $P_5(z) = 1 - z^5$ eine Zerlegung in:

- den **reellen** Linearfaktor $(-1)(z - w_0) = (1 - z)$
- zwei **reelle** quadratische Faktoren

  $$(z^2 - 2\sigma_1 z + 1) \quad \text{und} \quad (z^2 - 2\sigma_2 z + 1)$$

  d. h., es gilt auch

  $$P_5(z) = 1 - z^5 = (1 - z)(z^2 - 2\sigma_1 z + 1)(z^2 - 2\sigma_2 z + 1).$$

Diese Zerlegung von $P_5(z)$ ist der Ausgangspunkt für die in der Integralrechnung bei der Integration rationaler Funktionen benötigte und erforderliche **Partialbruchzerlegung.**

Die in Beispiel 2.9 beobachtete Paarbildung zueinander konjugiert-komplexer Nullstellen ist eine allgemein gültige Gesetzmäßigkeit. Hat nämlich ein komplexes Polynom

$$P_n(z) = \sum_{k=0}^{n} A_k z^k \quad (A_n \neq 0)$$

reelle Koeffizienten: $A_k \in \mathbb{R}$ für $k = 0, 1, 2, \ldots, n$, so ist mit jeder Nullstelle $z_0 = a_0 + ib_0$ von $P_n(z)$ auch die konjugiert-komplexe Zahl $z_0^* = a_0 - ib_0$ eine Nullstelle von $P_n(z)$ mit der gleichen Vielfachheit.

Die Begründung ist einfach: Aus $P_n(z_0) = \sum\limits_{k=0}^{n} A_k z_0^k = 0$ folgt $(P_n(z_0))^* = 0$ oder

$$0 = \left(\sum_{k=0}^{n} A_k z_0^k\right)^* = \sum_{k=0}^{n} A_k^* (z_0^k)^* \underset{!A_k^* = A_k}{=} \sum_{k=0}^{n} A_k (z_0^*)^k = P_n(z_0^*),$$

weil die $*$-Operation (der Übergang zur konjugiert-komplexen Zahl) mit der Addition und Multiplikation zweier komplexer Zahlen vertauschbar ist: $(z_1 + z_2)^* = z_1^* + z_2^*, (z_1 \cdot z_2)^* = z_1^* \cdot z_2^*, (z^k)^* = (z^*)^k$ und die Koeffizienten A_k reell sind $A_k^* = A_k$ $(k = 0, \ldots, n)$. Also ist auch z_0^* eine Nullstelle von $P_n(z)$. Da die Gleichung

$$(P_n(z))^* = P_n(z^*)$$

für den Fall **reeller** Koeffizienten A_k ersichtlich (s. o.) allgemein gilt, folgt ebenso einfach die Gleichheit der Vielfachheiten der Nullstellen z_0 und z_0^* (aus dem Fundamentalsatz der Algebra) des Polynoms $P_n(z)$.

Hinweis: Die Ergebnisse dieses Abschnitts werden vor allem benötigt:

- für die Integration rational-gebrochener Funktionen (*Partialbruchzerlegung*),
- beim Eigenwertproblem quadratischer Matrizen,
- bei der Lösung linearer Differentialgleichungssysteme,
- beim Nachweis der Stabilität der Lösungen linearer Differentialgleichungssysteme.

3 Lineare Algebra und analytische Geometrie

3.1 Lineare Abbildungen

Es sei $X = \{u, v, w, x, \ldots\}$ eine Menge von Objekten, für die das Addieren untereinander und das Multiplizieren mit reellen (oder komplexen) Zahlen $\lambda \in \mathbf{R}$ erklärt ist und wieder Objekte aus der Menge X ergibt. Daneben sei $Y = \{r, s, t, y, \ldots\}$ eine Menge möglicherweise anderer Objekte, für die ebenfalls die gegenseitige Addition und das Multiplizieren mit Zahlen möglich ist und nicht aus Y hinausführt. Eine Vorschrift A für die Zuordnung von Elementen von X zu Elementen von Y heißt *lineare Abbildung*, wenn sie die Bedingungen

$$\begin{aligned} A(u+v) &= Au + Av \text{ für alle } u, v \in X \\ A(\lambda u) &= \lambda Au \text{ für alle } u \in X, \lambda \in \mathbf{R} \end{aligned} \tag{3.1}$$

erfüllt.

Das einfachste Beispiel einer linearen Abbildung erhält man offenbar dann, wenn die Mengen X und Y selbst die Menge der reellen Zahlen sind. Für $X = Y = \mathbf{R}$ ist die Abbildung $X \to Y$ mit der Abbildungsvorschrift

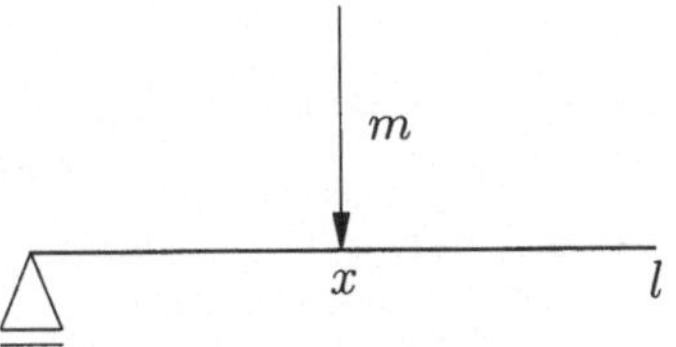

Bild 7: Einarmiger Hebel

$$y = ax,$$

wobei a eine Konstante $a \in \mathbf{R}$ ist, eine lineare Abbildung oder lineare Funktion. Die Abbildung

$$y = ax + b,$$

die offensichtlich nicht dem Gesetz (3.1) genügt, wird dagegen als *affin lineare Funktion* bezeichnet. Sie kann als Hintereinander-Ausführung einer linearen Abbildung und einer Abbildung, die nur aus der Addition einer Konstanten besteht, aufgefaßt werden.

Beispiel 3.1 In der Natur kommen lineare Abbildungen i.allg. nur als Idealisierungen realer Zusammenhänge vor. Schon Kinder beobachten an der Wippe des Spielplatzes, daß für das durch eine Masse m in Entfernung x vom Auflagepunkt hervorgerufene Drehmoment M eine lineare Beziehung gilt.

In der Schule werden sie diese als physikalisches Gesetz $M = bmx$ kennenlernen, wobei b die Erdbeschleunigung ist. Im Gymnasium oder an der Universität wird dieses Gesetz dann relativiert werden: Alle Kräfte einschließlich der Auflagekraft müssen auf die Mittelfaser des Balkens wirken, und das Schwerefeld der Erde muß unabhängig von Ort und Zeit eine Konstante sein. Soll der Balken aus Bild 1 durch eine im Abstand y vom Auflagepunkt wirkende Gegenkraft F im Gleichgewicht gehalten werden, so gilt, wenn m_b die Masse des Balkens ist

$$y = \frac{mbx}{F} + \frac{m_b l}{2F}.$$

Das ist eine affin lineare Beziehung zwischen x und y.

Werden mehrere Merkmale der betrachteten Objekte gleichzeitig untersucht, so treten die unabhängigen und abhängigen Variablen i.allg. mehrfach auf. Es entstehen dann Beziehungen der Form

$$\begin{aligned} y_1 &= a_{11}x_1 + a_{12}x_2 + \cdots + a_{1n}x_n + b_1 \\ y_2 &= a_{21}x_1 + a_{22}x_2 + \cdots + a_{2n}x_n + b_2 \\ &\vdots \\ y_m &= a_{m1}x_1 + a_{m2}x_2 + \cdots + a_{mn}x_n + b_m \end{aligned} \tag{3.2}$$

Gilt $b_i = 0$ für $i = 1, \ldots, m$, so stellt (3.2) eine lineare Abbildung $(x_1, \ldots, x_n) \to (y_1, \ldots, y_m)$ dar.

Beispiel 3.2 Betrachtet wird das ebene Fachwerk von Bild 8, dessen Stäbe ein gleichschenkliges Dreieck bilden und das durch eine Kraft P im Knoten 3 belastet wird. Die Auflagekräfte sind mit S_1, S_2, S_3 bezeichnet.
Nach dem Knotenschnittverfahren können die resultierenden Horizontalkräfte y_{2i} und Vertikalkräfte y_{2i-1} für jeden Knoten i als Summe der entsprechenden Komponenten der Stab- und Auflagekräfte sowie der Kraft P und damit als lineare Funktionen dieser Kräfte dargestellt werden.

$$\begin{aligned} \text{Knoten 1:}\quad y_1 &= -V_1 - bS_1 \\ y_2 &= H + aS_1 + S_3 \\ \text{Knoten 2:}\quad y_3 &= -V_2 - bS_2 \\ y_4 &= -aS_2 - S_3 \\ \text{Knoten 3:}\quad y_5 &= P + bS_1 + bS_2 \\ y_6 &= -aS_1 + aS_2 \end{aligned}$$

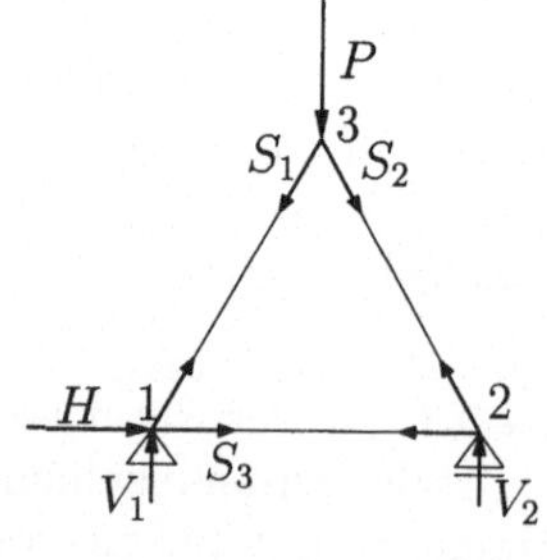

Bild 8: Ebenes Fachwerk

Dabei wurde $a = \sin 30°$ und $b = \cos 30°$ gesetzt. Faßt man in diesem Funktionensystem P als eine Konstante auf, so handelt es sich um ein System affin linearer Funktionen $y_1, \ldots, y_6$.

3.2 Matrizen und Vektoren

Definition 3.1 *Ein Schema von $m \cdot n$ Zahlen a_{ik} $(i = 1, \dots, m; k = 1, \dots, n)$ der Gestalt*

$$\begin{pmatrix} a_{11} & a_{12} & \cdots & a_{1n} \\ a_{21} & a_{22} & \cdots & a_{2n} \\ \vdots & \vdots & \ddots & \vdots \\ a_{m1} & a_{m2} & \cdots & a_{mn} \end{pmatrix}$$

heißt (m, n)-Matrix. Die Zahlen a_{ik} heißen Elemente der Matrix, der Index i heißt Zeilenindex, der Index k Spaltenindex. Entsprechend werden die Elemente in einer Waagerechten des Schemas als Zeile und die Elemente in einer Senkrechten als Spalte der Matrix bezeichnet. Das Zahlenpaar (m, n) heißt Typ der Matrix.

Abkürzend verwendet man für eine Matrix mit den Elementen a_{ik} die symbolische Schreibweise

$$(a_{ik}) \quad \text{oder } \mathbf{A}.$$

Definition 3.2 *Eine $(m, 1)$-Matrix (einspaltige Matrix) heißt Vektor der Dimension m. Bei der Indizierung seiner Elemente - auch Komponenten genannt - wird der Spaltenindex 1 weggelassen.*

Rechenoperationen für Matrizen und Vektoren

Die folgenden fünf Rechenoperationen werden für beliebige (m, n)-Matrizen definiert. Sie gelten damit auch für Vektoren. Die eigentlichen Rechenoperationen sind die Operationen (2) - (5), während es sich bei (1) um eine Identitätsklausel handelt.

1. $\mathbf{A} = \mathbf{B}$ wenn $\mathbf{A}$ und $\mathbf{B}$ den gleichen Typ haben und $a_{ik} = b_{ik}$ für alle Elemente beider Matrizen gilt (*Identität*).

2. $\mathbf{A}^{\mathrm{T}} = (a_{ik})^{\mathrm{T}} := (a_{ki})$ (*Transponieren*) Die Matrix $\mathbf{A}^{\mathrm{T}}$ enthält die Zeilen von $\mathbf{A}$ als Spalten bzw. die Spalten von $\mathbf{A}$ als Zeilen und wird die zu $\mathbf{A}$ *transponierte* Matrix genannt. Die Matrix $\mathbf{A}^{\mathrm{T}}$ hat den Typ (n, m), wenn $\mathbf{A}$ den Typ (m, n) hat.

3. $\lambda\mathbf{A} = \lambda(a_{ik}) := (\lambda a_{ik})$ für $\lambda \in \mathbf{R}$ bzw. $\lambda \in \mathbb{C}$ (*Multiplikation mit Zahlen*) Die Elemente der Matrix $\lambda\mathbf{A}$ sind das λ-fache der Elemente der Matrix $\mathbf{A}$.

4. $\mathbf{A} + \mathbf{B} = (a_{ik}) + (b_{ik}) := (a_{ik} + b_{ik})$ (*Addition*)
   Voraussetzung: **A** und **B** haben den gleichen Typ.

Beispiel 3.3

$$\mathbf{A} = \begin{pmatrix} 3 & -1 \\ 2 & 1 \end{pmatrix} \quad \mathbf{A}^{\mathrm{T}} = \begin{pmatrix} 3 & 2 \\ -1 & 1 \end{pmatrix} \quad \mathbf{B} = \begin{pmatrix} 7 & 10 \\ 4 & -4 \end{pmatrix}$$

$$\mathbf{A} + 2\mathbf{B} = \begin{pmatrix} 3 & -1 \\ 2 & 1 \end{pmatrix} + \begin{pmatrix} 14 & 20 \\ 8 & -8 \end{pmatrix} = \begin{pmatrix} 17 & 19 \\ 10 & -7 \end{pmatrix}$$

5. Es seien **A** eine (m, n)-Matrix und **B** eine (n, p)-Matrix. Das Produkt $\mathbf{C} = \mathbf{A} \cdot \mathbf{B}$ ist die (m, p)-Matrix mit den Elementen

$$c_{ik} := a_{i1}b_{1k} + a_{i2}b_{2k} + \cdots + a_{in}b_{nk} = \sum_{r=1}^{n} a_{ir}b_{rk}$$

   $(i = 1, \ldots, m; k = 1, \ldots, p)$.
   Für die Berechnung des Elementes c_{ik} der Produktmatrix benötigt man offenbar die Elemente der i-ten Zeile von **A** und der k-ten Spalte von **B**. Das folgende nach FALK benannte Rechenschema nutzt diese Eigenschaft aus, um die Berechnung der Produktmatrix übersichtlich zu gestalten.

Falksches Schema zur Matrixmultiplikation

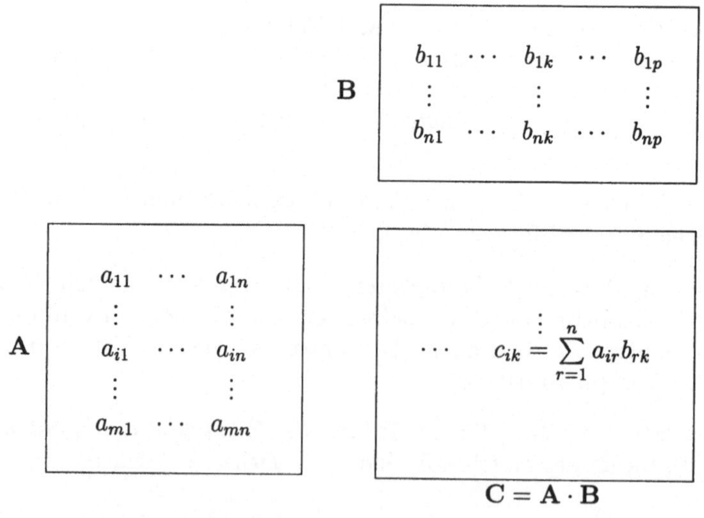

$$\mathbf{B} \quad \boxed{\begin{matrix} b_{11} & \cdots & b_{1k} & \cdots & b_{1p} \\ \vdots & & \vdots & & \vdots \\ b_{n1} & \cdots & b_{nk} & \cdots & b_{np} \end{matrix}}$$

$$\mathbf{A} \quad \boxed{\begin{matrix} a_{11} & \cdots & a_{1n} \\ \vdots & & \vdots \\ a_{i1} & \cdots & a_{in} \\ \vdots & & \vdots \\ a_{m1} & \cdots & a_{mn} \end{matrix}} \quad \boxed{\begin{matrix} & \vdots \\ \cdots & c_{ik} = \sum_{r=1}^{n} a_{ir}b_{rk} \end{matrix}}$$

$\mathbf{C} = \mathbf{A} \cdot \mathbf{B}$

Beispiel 3.4 Berechnung der Matrix $\mathbf{A} \cdot \mathbf{B}$ für die Matrizen aus Beispiel 3.3.

		7	10
		4	−4
3	−1	17	34
2	1	18	16

Regeln für das Rechnen mit Matrizen

$$\begin{array}{lll} \mathbf{A}+\mathbf{B}=\mathbf{B}+\mathbf{A} & (\mathbf{A}+\mathbf{B})+\mathbf{C}=\mathbf{A}+(\mathbf{B}+\mathbf{C}) & (\lambda+\mu)\mathbf{A}=\lambda\mathbf{A}+\mu\mathbf{A} \\ (\mathbf{AB})\mathbf{C}=\mathbf{A}(\mathbf{BC}) & (\mathbf{A}+\mathbf{B})\mathbf{C}=\mathbf{AC}+\mathbf{BC} & (\lambda\mathbf{A})\mathbf{B}=\lambda(\mathbf{AB})=\mathbf{A}(\lambda\mathbf{B}) \\ (\mathbf{A}^{\mathrm{T}})^{\mathrm{T}}=\mathbf{A} & (\mathbf{A}+\mathbf{B})^{\mathrm{T}}=\mathbf{A}^{\mathrm{T}}+\mathbf{B}^{\mathrm{T}} & (\lambda\mathbf{A})^{\mathrm{T}}=\lambda\mathbf{A}^{\mathrm{T}} \\ (\mathbf{AB})^{\mathrm{T}}=\mathbf{B}^{\mathrm{T}}\mathbf{A}^{\mathrm{T}} & & \end{array}$$

Besonders zu beachten ist stets, daß unter diesen Regeln das kommutative Gesetz der Multiplikation fehlt, das heißt, daß i.allg. $\mathbf{AB} \neq \mathbf{BA}$ gilt.

Sonderfälle der Matrixmultiplikation

Produkt Matrix mal Vektor

Da ein Vektor als einspaltige Matrix definiert ist, ist die eben eingeführte Multiplikation zweier Matrizen auch auf die Berechnung des Produktes $\mathbf{Ax}$ anzuwenden, wenn $\mathbf{A}$ eine Matrix und $\mathbf{x}$ ein Vektor ist. Wenn $\mathbf{A} = (a_{ik})$ eine Matrix vom Typ (m, n) und $\mathbf{x} = (x_k)$ ein n-dimensionaler Vektor ist, so ist das Produkt

$$\mathbf{y} = \mathbf{Ax}$$

eine Matrix vom Typ $(m, 1)$, also ein m-dimensionaler Vektor mit den Komponenten

$$y_i = a_{i1}x_1 + a_{i2}x_2 + \cdots + a_{in}x_n = \sum_{k=1}^{n} a_{ik}x_k \quad (i = 1, ..., m).$$

Skalarprodukt

Zwei Vektoren $\mathbf{a} = (a_i)$, $\mathbf{b} = (b_i)$ der gleichen Dimension n lassen sich ebenfalls miteinander multiplizieren, wenn man einen von ihnen vorher durch Transponieren aus einer $(n, 1)$-Matrix in eine $(1, n)$-Matrix umwandelt und dann diesen als ersten Faktor des Produktes nimmt. Als Ergebnis dieser Multiplikation einer $(1, n)$- mit einer $(n, 1)$-Matrix entsteht eine $(1, 1)$-Matrix, also eine reelle Zahl. Diese Art der Vektormultiplikation heißt *Skalarprodukt* und wird mit $\mathbf{a} \cdot \mathbf{b}$ oder mit $\mathbf{a}^{\mathrm{T}}\mathbf{b}$ bezeichnet. Es gilt also

$$\mathbf{a} \cdot \mathbf{b} := \mathbf{a}^{\mathrm{T}}\mathbf{b} = a_1b_1 + a_2b_2 + \cdots + a_nb_n = \sum_{i=1}^{n} a_ib_i.$$

Für das Ergebnis ist es offenbar gleich, ob man $\mathbf{a}$ oder $\mathbf{b}$ als ersten Faktor nimmt, d.h., es gilt für das Skalarprodukt das Kommutativgesetz

$$\mathbf{a}^{\mathrm{T}}\mathbf{b} = \mathbf{b}^{\mathrm{T}}\mathbf{a}.$$

Zwei Vektoren $\mathbf{a}, \mathbf{b}$ der gleichen Dimension heißen *orthogonal*, wenn ihr Skalarprodukt null ist.

Dyadisches Produkt

Zwei Vektoren $\mathbf{a} = (a_i)$, $\mathbf{b} = (b_i)$ der gleichen Dimension n lassen sich auch dann miteinander multiplizieren, wenn man nach dem Transponieren des einen diesen als zweiten Faktor des Produktes nimmt. Als Ergebnis dieser Multiplikation einer $(n, 1)$-Matrix mit einer $(1, n)$-Matrix entsteht eine (n, n)-Matrix. Diese Art der Matrizenmultiplikation heißt *dyadisches Produkt* und wird entsprechend der gewählten Reihenfolge der Vektoren entweder mit $\mathbf{ab}^{\mathrm{T}}$ oder mit $\mathbf{ba}^{\mathrm{T}}$ bezeichnet. Es gilt

$$\mathbf{ab}^{\mathrm{T}} = \mathbf{C} \quad \text{mit} \quad \mathbf{C} = (c_{ik}) \quad \text{und} \quad c_{ik} = a_i b_k.$$

Wie im allgemeinen Fall gilt das Kommutativgesetz nicht, sondern es gilt entsprechend den Regeln zum Transponieren von Matrizenprodukten

$$(\mathbf{ab}^{\mathrm{T}})^{\mathrm{T}} = (\mathbf{b}^{\mathrm{T}})^{\mathrm{T}}\mathbf{a}^{\mathrm{T}} = \mathbf{ba}^{\mathrm{T}},$$

das heißt, die beiden dyadischen Produkte $\mathbf{ab}^{\mathrm{T}}$ und $\mathbf{ba}^{\mathrm{T}}$ gehen durch Transponieren ineinander über.

Beispiel 3.5

$$\mathbf{a} = \begin{pmatrix} 2 \\ -1 \end{pmatrix} \quad \mathbf{b} = \begin{pmatrix} 0 \\ 4 \\ 3 \end{pmatrix} \quad \mathbf{ab}^{\mathrm{T}} = \begin{pmatrix} 0 & 8 & 6 \\ 0 & -4 & -3 \end{pmatrix} \quad \mathbf{ba}^{\mathrm{T}} = \begin{pmatrix} 0 & 0 \\ 8 & -4 \\ 6 & -3 \end{pmatrix}$$

3.3 Variablenaustausch in Systemen linearer Funktionen

Wir betrachten das System affin linearer Funktionen

$$\begin{array}{lcl} y_1 &=& a_{11}x_1 + a_{12}x_2 + \cdots + a_{1n}x_n + a_1 \\ y_2 &=& a_{21}x_1 + a_{22}x_2 + \cdots + a_{2n}x_n + a_2 \\ \vdots && \\ y_m &=& a_{m1}x_1 + a_{m2}x_2 + \cdots + a_{mn}x_n + a_n \end{array} \tag{3.3}$$

In diesem Funktionensystem heißen

$y_1, \dots, y_m$ *abhängige* Variable oder *Basisvariable,*
$x_1, \dots, x_n$ *unabhängige* Variable oder *Nichtbasisvariable.*

Führt man für die Koeffizienten a_{ik} dieses Systems die Matrix $\mathbf{A} = (a_{ik})$, für die Koeffizienten a_i den Vektor $\mathbf{a} = (a_i)$, für die Basisvariablen den Vektor $\mathbf{y} = (y_i)$ und für die Nichtbasisvariablen den Vektor $\mathbf{x} = (x_i)$ ein, so kann das System (3.3) unter Verwendung des Produktes Matrix mal Vektor in der Gestalt

$$\mathbf{y} = \mathbf{A}\mathbf{x} + \mathbf{a}$$

geschrieben werden. Um die folgenden Rechenschritte an diesem System übersichtlich darstellen zu können, ordnet man die Daten des Systems in folgendem Schema an:

$$\begin{array}{r|ccccc} & x_1 & x_2 & \cdots & x_n & 1 \\ \hline y_1 = & a_{11} & a_{12} & \cdots & a_{1n} & a_1 \\ \vdots & \vdots & \vdots & & \vdots & \vdots \\ y_m = & a_{m1} & a_{m2} & \cdots & a_{mn} & a_m \end{array} \tag{3.4}$$

Die Gleichheitszeichen in der ersten Spalte sollen daran erinnern, daß die Zeilen dieses Schemas als die Zeilen des ursprünglichen Systems (3.3) zu lesen sind. Die Idee des *Austauschverfahrens* ist die folgende: Eine bestimmte der Nichtbasisvariablen, die wir mit x_τ bezeichnen wollen, soll Basisvariable werden ("in die Basis kommen") und dafür eine der Basisvariablen, die mit y_σ bezeichnet wird, Nichtbasisvariable werden ("aus der Basis ausscheiden"). Dazu hat man die Zeile $y_\sigma = ...$ des Systems nach $x_\tau = ...$ aufzulösen und dann den erhaltenen Ausdruck für x_τ in alle anderen Zeilen des Systems einzusetzen. Für diesen Rechenschritt ist als Voraussetzung $a_{\sigma\tau} \neq 0$ erforderlich. Diese in der Rechnung oft gebrauchte Zahl wird *Pivotelement* genannt und erhält die abkürzende Bezeichnung

$$p := a_{\sigma\tau} \qquad \text{Pivotelement.}$$

Die Auflösung der Zeile $y_\sigma = \dots$ nach $x_\tau = \dots$ ergibt

$$x_\tau = -\frac{a_{\sigma 1}}{p}x_1 - \dots + \frac{1}{p}y_\sigma - \dots - \frac{a_{\sigma n}}{p}x_n - \frac{a_\sigma}{p}$$

und das Einsetzen von x_τ in die restlichen Zeilen

$$y_i = \left(a_{i1} - \frac{a_{\sigma 1}}{p}a_{i\tau}\right)x_1 + \dots + \frac{a_{i\tau}}{p}y_\sigma + \dots + \left(a_{in} - \frac{a_{\sigma n}}{p}a_{i\tau}\right)x_n + a_i - \frac{a_\sigma}{p}a_{i\tau}$$

Der Übergang vom Ausgangsschema, dem *alten* Schema, zum *neuen* Schema unterliegt also den folgenden Regeln

Altes Schema

	x_1	$\cdots$	x_k	$\cdots$	x_τ	$\cdots$	x_n	1
$y_1 =$	a_{11}	$\cdots$	a_{1k}	$\cdots$	$a_{1\tau}$	$\cdots$	a_{1n}	a_1
$\vdots$	$\vdots$		$\vdots$		$\vdots$		$\vdots$	$\vdots$
$y_i =$	a_{i1}	$\cdots$	a_{ik}	$\cdots$	$a_{i\tau}$	$\cdots$	a_{in}	a_i
$\vdots$	$\vdots$		$\vdots$		$\vdots$		$\vdots$	$\vdots$
$y_\sigma =$	$a_{\sigma 1}$	$\cdots$	$a_{\sigma k}$	$\cdots$	$\boxed{a_{\sigma\tau}}$	$\cdots$	$a_{\sigma n}$	a_σ
$\vdots$	$\vdots$		$\vdots$		$\vdots$		$\vdots$	$\vdots$
$y_m =$	a_{m1}	$\cdots$	a_{mk}	$\cdots$	$a_{m\tau}$	$\cdots$	a_{mn}	a_m
K	$b_{\sigma 1}$	$\cdots$	$b_{\sigma k}$	$\cdots$	$*$	$\cdots$	$b_{\sigma n}$	b_σ

Neues Schema

	x_1	$\cdots$	x_k	$\cdots$	y_σ	$\cdots$	x_n	1
$y_1 =$	b_{11}	$\cdots$	b_{1k}	$\cdots$	$b_{1\tau}$	$\cdots$	b_{1n}	b_1
$\vdots$	$\vdots$		$\vdots$		$\vdots$	$\vdots$	$\vdots$	$\vdots$
$y_i =$	b_{i1}	$\cdots$	b_{ik}	$\cdots$	$b_{i\tau}$	$\cdots$	b_{in}	b_i
$\vdots$	$\vdots$		$\vdots$		$\vdots$	$\vdots$	$\vdots$	$\vdots$
$x_\tau =$	$b_{\sigma 1}$	$\cdots$	$b_{\sigma k}$	$\cdots$	$b_{\sigma\tau}$	$\cdots$	$b_{\sigma n}$	b_σ
$\vdots$	$\vdots$		$\vdots$		$\vdots$	$\vdots$	$\vdots$	$\vdots$
$y_m =$	b_{m1}	$\cdots$	b_{mk}	$\cdots$	$b_{m\tau}$	$\cdots$	b_{mn}	b_m

Austauschregeln

A1) $b_{\sigma\tau} = \dfrac{1}{a_{\sigma\tau}} = \dfrac{1}{p}$ Pivot: $= \frac{1}{\text{Pivot}}$

A2) $b_{\sigma k} = -\dfrac{a_{\sigma k}}{p}$ $k = 1, \ldots, n; k \neq \tau$ Kellerzeile $K := \frac{\text{Pivotzeile}}{-\text{Pivot}}$

$b_\sigma = -\dfrac{a_\sigma}{p}$ Pivotzeile: = Kellerzeile

A3) $b_{i\tau} = \dfrac{a_{i\tau}}{p}$ $i = 1, \ldots, m; i \neq \sigma$ Pivotspalte: $= \frac{\text{Pivotspalte}}{\text{Pivot}}$

A4) $b_{ik} = a_{ik} + a_{i\tau} b_{\sigma k}$ $i = 1, \ldots, m; i \neq \sigma$ Element:= Element + zugeh.

$b_i = a_i + a_{i\tau} b_\sigma$ $k = 1, \ldots, n; k \neq \tau$ Pivotspaltenel. $*$ zugeh. Kellerzeilenelement

Die Kellerzeile K wurde zwecks übersichtlicher Handhabung der Rechenregeln eingeführt.

Beispiel 3.6 Im Funktionensystem

$$\begin{array}{rcrrrrr} y_1 & = & 2x_1 & -x_2 & +3x_3 & +2x_4 & +5 \\ y_2 & = & & -6x_2 & +3x_3 & & -3 \\ y_3 & = & -x_1 & -2x_2 & +x_3 & -5x_4 & \end{array}$$

wird die Basisvariable y_2 gegen die Nichtbasisvariable x_3 ausgetauscht.

	x_1	x_2	x_3	x_4	1
$y_1 =$	2	−1	3	2	5
$y_2 =$	0	−6	$\boxed{3}$	0	−3
$y_3 =$	−1	−2	1	−5	0
K	0	2	*	0	1

$\rightarrow$

	x_1	x_2	y_2	x_4	1
$y_1 =$	2	5	1	2	8
$x_3 =$	0	2	$\frac{1}{3}$	0	1
$y_3 =$	−1	0	$\frac{1}{3}$	−5	1

Ergebnis:

$$\begin{array}{rcrcrcrcrcr} y_1 & = & 2x_1 & + & 5x_2 & + & y_2 & + & 2x_4 & + & 8 \\ x_3 & = & & & 2x_2 & + & \frac{1}{3}y_2 & & & + & 1 \\ y_3 & = & -x_1 & & & + & \frac{1}{3}y_2 & - & 5x_4 & + & 1 \end{array}$$

Bei der Lösung spezieller Aufgaben reicht es aus, das neue Schema ohne die neue Pivotspalte oder/und neue Pivotzeile zu berechnen. Diese verkürzten Varianten werden entsprechend als Austauschverfahren mit *Spaltentilgung*, mit *Zeilentilgung* bzw. mit *Spalten- und Zeilentilgung* bezeichnet. Das Ziel besteht stets darin, möglichst viele Nichtbasisvariable gegen Basisvariable auszutauschen.

3.4 Determinanten

Es sei $\mathbf{A}$ eine quadratische Matrix, also eine Matrix vom Typ (n, n). Die *Determinante* von $\mathbf{A}$ ist die rekursiv definierte Zahl

$$D = \det \mathbf{A} = \begin{vmatrix} a_{11} & a_{12} & \cdots & a_{1n} \\ a_{21} & a_{22} & \cdots & a_{2n} \\ \vdots & \vdots & & \vdots \\ a_{n1} & a_{n2} & \cdots & a_{nn} \end{vmatrix} = a_{i1}(-1)^{i+1} \det \mathbf{A}_{i1} + \cdots + a_{in}(-1)^{i+n} \det \mathbf{A}_{in}$$

wobei $\mathbf{A}_{ik}$ die durch Streichen der i-ten Zeile und k-ten Spalte aus $\mathbf{A}$ gebildete Teilmatrix ist. Die Determinante einer $(1,1)$-Matrix ist gleich dem Wert ihres einzigen Elementes. Die Berechnung einer Determinante gemäß dieser Definition wird *Entwicklung nach der i-ten Zeile* genannt.
Ohne es an dieser Stelle beweisen zu können, sei bemerkt, daß es für das Ergebnis ohne Belang ist, nach welcher Zeile man die Entwicklung vornimmt. Es ergibt

sich sogar der gleiche Wert, wenn man spaltenweise vorgeht, das heißt, der gleiche Wert det **A** ergibt sich durch *Entwicklung nach der k-ten Spalte*:

$$D = \det\mathbf{A} = \begin{vmatrix} a_{11} & a_{12} & \cdots & a_{1n} \\ a_{21} & a_{22} & \cdots & a_{2n} \\ \vdots & \vdots & & \vdots \\ a_{n1} & a_{n2} & \cdots & a_{nn} \end{vmatrix} = a_{1k}(-1)^{1+k}\det\mathbf{A}_{1k} + \cdots + a_{nk}(-1)^{n+k}\det\mathbf{A}_{nk}$$

Wegen dieser Gleichwertigkeit von Zeilen und Spalten führt man den Oberbegriff *Reihe* ein, und meint damit entweder Zeilen oder Spalten. Für zweireihige Determinanten ergibt die obige Definition unmittelbar den Wert

$$\begin{vmatrix} a_{11} & a_{12} \\ a_{21} & a_{22} \end{vmatrix} = a_{11}a_{22} - a_{12}a_{21}$$

Für dreireihige Determinanten erhält man durch Entwicklung nach der ersten Zeile

$$\begin{vmatrix} a_{11} & a_{12} & a_{13} \\ a_{21} & a_{22} & a_{23} \\ a_{31} & a_{32} & a_{33} \end{vmatrix} = a_{11}\begin{vmatrix} a_{22} & a_{23} \\ a_{32} & a_{33} \end{vmatrix} - a_{12}\begin{vmatrix} a_{21} & a_{23} \\ a_{31} & a_{33} \end{vmatrix} + a_{13}\begin{vmatrix} a_{21} & a_{22} \\ a_{31} & a_{32} \end{vmatrix}$$

$$= a_{11}(a_{22}a_{33} - a_{23}a_{32}) - a_{12}(a_{21}a_{33} - a_{23}a_{31}) + a_{13}(a_{21}a_{32} - a_{22}a_{31})$$

und damit

$$\begin{vmatrix} a_{11} & a_{12} & a_{13} \\ a_{21} & a_{22} & a_{23} \\ a_{31} & a_{32} & a_{33} \end{vmatrix} = \begin{array}{l} a_{11}a_{22}a_{33} + a_{12}a_{23}a_{31} + a_{13}a_{21}a_{32} \\ -a_{13}a_{22}a_{31} - a_{11}a_{23}a_{32} - a_{12}a_{21}a_{33} \end{array}$$ Regel von SARRUS

Beispiel 3.7 Entwicklung einer 4-reihigen Determinante nach der 3. Spalte und der 3-reihigen nach der Regel von SARRUS

$$\begin{vmatrix} 1 & 0 & 3 & 4 \\ 0 & -4 & 1 & 7 \\ 8 & 4 & 0 & 1 \\ 2 & 2 & 0 & 1 \end{vmatrix} = 3\begin{vmatrix} 0 & -4 & 7 \\ 8 & 4 & 1 \\ 2 & 2 & 1 \end{vmatrix} - 1\begin{vmatrix} 1 & 0 & 4 \\ 8 & 4 & 1 \\ 2 & 2 & 1 \end{vmatrix}$$

$$= 3(-8 + 112 - 56 + 32) - (4 + 64 - 32 - 2) = 3 \cdot 80 - 34 = 206$$

Eigenschaften und Rechengesetze für n-reihige Determinanten

1. Die Determinante einer Matrix wechselt ihr Vorzeichen, wenn man zwei Reihen der Matrix miteinander vertauscht.
2. Sind zwei Reihen einer Matrix einander gleich, ist ihre Determinante null.
3. Multipliziert man eine Reihe einer Matrix mit einer Zahl, so multipliziert sich ihre Determinante mit dieser Zahl.
4. Addiert man das Vielfache einer Zeile (Spalte) einer Matrix zu einer anderen Zeile (Spalte), so bleibt die Determinante der Matrix gleich.
5. Transponiert man eine Matrix, so bleibt ihre Determinante gleich.
6. Multipliziert man zwei Matrizen, so ist die Determinante der Produktmatrix gleich dem Produkt der Determinanten der beiden Faktormatrizen.
7. $$\begin{vmatrix} a_{11} & \cdots & a_{1n} \\ \vdots & & \vdots \\ a_{i1}+b_{i1} & \cdots & a_{in}+b_{in} \\ \vdots & & \vdots \\ a_{n1} & \cdots & a_{nn} \end{vmatrix} = \begin{vmatrix} a_{11} & \cdots & a_{1n} \\ \vdots & & \vdots \\ a_{i1} & \cdots & a_{in} \\ \vdots & & \vdots \\ a_{n1} & \cdots & a_{nn} \end{vmatrix} + \begin{vmatrix} a_{11} & \cdots & a_{1n} \\ \vdots & & \vdots \\ b_{i1} & \cdots & b_{in} \\ \vdots & & \vdots \\ a_{n1} & \cdots & a_{nn} \end{vmatrix}$$

Effektive Berechnung von Determinanten

Für größere Matrizen (ab $n = 4$) spart man Rechenaufwand ein, wenn man das Austauschverfahren aus Abschn. 3.3 zur Berechnung der Determinante benutzt. Man faßt die Matrix $\mathbf{A}$ als Koeffizientenmatrix des Funktionensystems $\mathbf{y} = \mathbf{Ax}$ auf und führt den Variablenaustausch $\mathbf{y} \leftrightarrow \mathbf{x}$ durch, wobei man nur die Regel (A4) benutzt, das heißt, neue Pivotzeile und neue Pivotspalte werden weggelassen. Würde man die Regel (A4) auch auf die Pivotspalte anwenden und die Pivotzeile unverändert lassen, so würden stets Vielfache der Pivotzeile zu anderen Zeilen addiert und die Determinante bliebe gleich. Die neue Pivotspalte bestünde dann nur aus Nullen außer dem Pivotelement selbst, und die Berechnung der Determinante durch Entwicklung nach der Pivotspalte würde ergeben, daß die Determinante gleich der Determinante der Restmatrix ist, multipliziert mit dem Pivotelement und dem Faktor $(-1)^{\sigma+\tau}$.
Dieses Verfahren setzt man so lange fort, bis es entweder abbricht, weil die Restmatrix nur Nullen enthält – ihre Determinante ist dann gleich null –, oder bis sie nur noch eine $(1,1)$-Matrix ist, ihre Determinante also gleich dem letzten

Pivotelement ist. Bis auf die Regel für das Vorzeichen ist damit der folgende Algorithmus zur Berechnung einer Determinante bewiesen.

Satz 3.1 *Es sei* $\mathbf{A}$ *eine* (n,n)*-Matrix, und für das System* $\mathbf{y} = \mathbf{Ax}$ *werde der Austausch* $\mathbf{y} \leftrightarrow \mathbf{x}$ *mit Zeilen- und Spaltentilgung so weit wie möglich durchgeführt. Die Pivotelemente seien* $p_1, p_2, \ldots$ *. Dann gilt*

a) Falls nicht alle y_i *ausgetauscht werden können, gilt*

$$\det \mathbf{A} = 0.$$

b) Falls alle y_i *ausgetauscht werden können, gilt*

$$\det \mathbf{A} = \alpha \cdot p_1 \cdot p_2 \cdot \ldots \cdot p_n.$$

α *hat den Wert* $+1$ *oder* -1 *und wird wie folgt bestimmt: Man schreibt die Indizes der* y_i *in der Reihenfolge ihres Austauschs auf und zählt ab, wie oft in dieser Indexfolge eine größere Zahl vor einer kleineren steht. Die Anzahl dieser sogenannten Inversionen sei* s*. Dasselbe wird mit der Indexfolge der ausgetauschten* x_k *durchgeführt und liefert die Zahl* t*. Es gilt dann* $\alpha = (-1)^{s+t}$*.*

Beispiel 3.8 Berechnung von $\det \mathbf{A}$ für die Matrix $\mathbf{A}$ von Beispiel 3.7

	x_1	x_2	x_3	x_4
$y_1 =$	$\boxed{1}$	0	3	4
$y_2 =$	0	-4	1	7
$y_3 =$	8	4	0	1
$y_4 =$	2	2	0	1
K	$*$	0	-3	-4

	x_2	x_3	x_4
$y_2 =$	-4	$\boxed{1}$	7
$y_3 =$	4	-24	-31
$y_4 =$	2	-6	-7
K	4	$*$	-7

	x_2	x_4
$y_3 =$	-92	137
$y_4 =$	$\boxed{-22}$	35
K	$*$	$\frac{35}{22}$

	x_4
$y_3 =$	$\boxed{-\frac{103}{11}}$

$y_i : (1,2,4,3) \rightarrow s = 1$
$x_i : (1,3,2,4) \rightarrow t = 1$

$$\det \mathbf{A} = (-1)^{1+1} \cdot 1 \cdot 1 \cdot (-22) \cdot (-\frac{103}{11}) = 206$$

3.5 Spezielle Matrizen

Diagonalmatrix. Eine quadratische Matrix der Form

$$\mathbf{D} = \begin{pmatrix} d_1 & & & \\ & d_2 & & \\ & & \ddots & \\ & & & d_n \end{pmatrix}$$

wird als *Diagonalmatrix* $\mathbf{D} = diag(d_i)$ bezeichnet. Die Schrägreihe der $d_i, i = 1, \ldots, n$ heißt *Hauptdiagonale*, alle Elemente außerhalb der Hauptdiagonalen sind null. Eine spezielle Diagonalmatrix ist die *Einheitsmatrix* $\mathbf{E}$, bei der $d_i = 1$ für $i = 1, \ldots, n$ gilt.

Reguläre und singuläre Matrix. Eine quadratische Matrix, deren Determinante nicht null ist, wird *regulär* genannt, anderenfalls *singulär*.

Inverse Matrix

Definition 3.3 *Gibt es zu einer quadratischen Matrix* $\mathbf{A}$ *eine Matrix* $\mathbf{B}$, *so daß* $\mathbf{AB} = \mathbf{E}$ *gilt (*$\mathbf{E}$ *ist die Einheitsmatrix), so heißt* $\mathbf{B}$ *die zu* $\mathbf{A}$ *inverse Matrix und wird mit* $\mathbf{A}^{-1}$ *bezeichnet, und die Matrix* $\mathbf{A}$ *wird invertierbar genannt.*

Man kann leicht beweisen, daß die inverse Matrix durch diese Definition eindeutig bestimmt ist und daß außer $\mathbf{AA}^{-1} = \mathbf{E}$ auch $\mathbf{A}^{-1}\mathbf{A} = \mathbf{E}$ gilt.

Die Berechnung der inversen Matrix erfolgt am effektivsten mit dem Austauschverfahren von Abschn. 3.3. Man faßt die (n, n)-Matrix $\mathbf{A}$ als Koeffizientenmatrix eines Funktionensystems $\mathbf{y} = \mathbf{Ax}$ auf und führt den vollständigen Austausch $\mathbf{y} \leftrightarrow \mathbf{x}$ durch. Es entsteht dann ein Funktionensystem $\mathbf{x} = \mathbf{By}$. Substituiert man in diesem $\mathbf{y}$ durch $\mathbf{Ax}$, so erhält man $\mathbf{x} = \mathbf{BAx}$. Also ist $\mathbf{BA} = \mathbf{E}$ und folglich $\mathbf{B} = \mathbf{A}^{-1}$. Durch den vollständigen Austausch $\mathbf{y} \leftrightarrow \mathbf{x}$ geht also die Koeffizientenmatrix $\mathbf{A}$ in die inverse Matrix $\mathbf{A}^{-1}$ über.

Beispiel 3.9

$$A = \begin{pmatrix} -1 & 1 & 1 \\ 1 & 2 & -4 \\ -1 & -1 & 4 \end{pmatrix}$$

	x_1	x_2	x_3
$y_1 =$	[-1]	1	1
$y_2 =$	1	2	−4
$y_3 =$	−1	−1	4
K	*	1	1

	y_1	x_2	x_3
$x_1 =$	−1	1	1
$y_2 =$	−1	[3]	−3
$y_3 =$	1	−2	3
K	1/3	*	1

	y_1	y_2	x_3
$x_1 =$	−2/3	1/3	2
$x_2 =$	1/3	1/3	1
$y_3 =$	1/3	−2/3	[1]
K	−1/3	2/3	*

	y_1	y_2	y_3
$x_1 =$	−4/3	5/3	2
$x_2 =$	0	1	1
$x_3 =$	−1/3	2/3	1

$\Big\} = \mathbf{A}^{-1}$

Nach Satz 3.1 ist der vollständige Austausch $\mathbf{y} \leftrightarrow \mathbf{x}$ genau dann durchführbar, wenn $\det \mathbf{A} \neq 0$ gilt. In diesem Fall hat also die Matrix $\mathbf{A}$ eine Inverse. Man erkennt auch leicht, daß die Matrix $\mathbf{A}$ im Fall $\det \mathbf{A} = 0$ keine Inverse hat: Aus $\mathbf{A}\mathbf{A}^{-1} = \mathbf{E}$ folgt $\det \mathbf{A} \cdot \det \mathbf{A}^{-1} = \det \mathbf{E} = 1$, was einen Widerspruch ergibt, wenn $\det \mathbf{A} = 0$ gilt. Es gilt also

$$\mathbf{A} \quad \text{invertierbar} \quad \Longleftrightarrow \quad \det \mathbf{A} \neq 0$$

Satz 3.2 *Eine Matrix ist genau dann invertierbar, wenn sie regulär ist.*

Symmetrische Matrix. Eine reelle quadratische Matrix mit der Eigenschaft $\mathbf{A}^{\mathrm{T}} = \mathbf{A}$ heißt *symmetrische Matrix.* Sie ist symmetrisch zu ihrer Hauptdiagonale, das heißt, es gilt $a_{ik} = a_{ki}$ für $i \neq k$.

Rechenregeln und Eigenschaften spezieller Matrizen

$$\begin{array}{rclrclrcl}
\mathbf{E}^{\mathrm{T}} &=& \mathbf{E} & \det\mathbf{E} &=& 1 & \mathbf{E}^{-1} &=& \mathbf{E} \\
\mathbf{A}\mathbf{E} &=& \mathbf{E}\mathbf{A} = \mathbf{A} & \mathbf{A}\mathbf{A}^{-1} &=& \mathbf{A}^{-1}\mathbf{A} = \mathbf{E} & (\mathbf{A}^{-1})^{-1} &=& \mathbf{A} \\
(\mathbf{A}^{-1})^{\mathrm{T}} &=& (\mathbf{A}^{\mathrm{T}})^{-1} & (\mathbf{A}\mathbf{B})^{-1} &=& \mathbf{B}^{-1}\mathbf{A}^{-1} & \det(\mathbf{A}^{-1}) &=& \frac{1}{\det \mathbf{A}}
\end{array}$$

Orthogonale Matrix

Eine quadratische Matrix $\mathbf{A}$ mit der Eigenschaft $\mathbf{A}\mathbf{A}^{\mathrm{T}} = \mathbf{E}$ ($\mathbf{E}$ ist die Einheitsmatrix) heißt *orthogonale Matrix.* Da $\mathbf{A}\mathbf{A}^{\mathrm{T}} = \mathbf{E}$ auch die definierende Gleichung für die inverse Matrix ist, gilt für orthogonale Matrizen $\mathbf{A}^{-1} = \mathbf{A}^{\mathrm{T}}$. Daraus folgt wiederum, daß $\mathbf{A}^{\mathrm{T}}\mathbf{A} = \mathbf{E}$ und damit auch $\mathbf{A}^{\mathrm{T}}(\mathbf{A}^{\mathrm{T}})^{\mathrm{T}} = \mathbf{E}$ gilt, das heißt, es ist auch $\mathbf{A}^{\mathrm{T}}$ eine orthogonale Matrix.

Da bei der Produktbildung $\mathbf{A}\mathbf{A}^{\mathrm{T}}$ Skalarprodukte der Zeilen von $\mathbf{A}$ mit den Spalten von $\mathbf{A}^{\mathrm{T}}$, also mit den Zeilen von $\mathbf{A}$ gegenseitig, gebildet werden, sind bei einer orthogonalen Matrix die zu verschiedenen Zeilen gehörenden Zeilenvektoren zueinander orthogonal, und die Skalarprodukte der Zeilenvektoren gleicher

Zeilen sind eins. Da auch $\mathbf{A}^{\mathrm{T}}$ orthogonal ist, gilt Gleiches auch für die Spalten von $\mathbf{A}$.

Positiv und negativ definite Matrizen

Eine reelle symmetrische (n,n)-Matrix $\mathbf{A}$ mit der Eigenschaft

$$\mathbf{x}^{\mathrm{T}}\mathbf{A}\mathbf{x} > 0 \quad \text{für alle } n\text{-dimensionalen Vektoren } \mathbf{x} \neq \mathbf{0}$$

heißt *positiv definit.* Sie heißt *negativ definit,* wenn

$$\mathbf{x}^{\mathrm{T}}\mathbf{A}\mathbf{x} < 0 \quad \text{für alle } n\text{-dimensionalen Vektoren } \mathbf{x} \neq \mathbf{0}$$

gilt. Wegen $\mathbf{x}^{\mathrm{T}}(-\mathbf{A})\mathbf{x} = -\mathbf{x}^{\mathrm{T}}\mathbf{A}\mathbf{x}$ ist eine Matrix $\mathbf{A}$ genau dann negativ definit, wenn die Matrix $-\mathbf{A}$ positiv definit ist. Der Ausdruck $\mathbf{x}^{\mathrm{T}}\mathbf{A}\mathbf{x}$ heißt **quadratische Form,** die der Matrix $\mathbf{A}$ zugeordnet ist, s. auch S. 66.

Beispiel 3.10 Für die Matrix

$$\mathbf{A} = \begin{pmatrix} 3 & -1 \\ -1 & 3 \end{pmatrix}$$

kann die zugeordnete quadratische Form wie folgt umgeformt werden:

$$\begin{aligned} \mathbf{x}^{\mathrm{T}}\mathbf{A}\mathbf{x} &= (x,y)\begin{pmatrix} 3 & -1 \\ -1 & 3 \end{pmatrix}\begin{pmatrix} x \\ y \end{pmatrix} = (x,y)\begin{pmatrix} 3x-y \\ -x+3y \end{pmatrix} \\ &= x(3x-y)+y(-x+3y) = 3x^2-2xy+3y^2 = 2x^2+(x-y)^2+2y^2 \end{aligned}$$

Dieser Ausdruck ist als Summe von Quadraten stets positiv, mit Ausnahme des Falles $\mathbf{x} = \mathbf{y} = \mathbf{0}$. Die Matrix $\mathbf{A}$ ist also positiv definit.
Für Matrizen mit mehr Zeilen wird diese Umformtechnik unhandlich. Für Matrizen vom Typ $(2,2), (3,3)\text{und}(4,4)$ kann man mit angemessenem Rechenaufwand das folgende Kriterium verwenden.

Satz 3.3 *Die reelle symmetrische (n,n)-Matrix $\mathbf{A} = (a_{ik})$ ist genau dann positiv definit, wenn jede ihrer n Hauptabschnitts-Determinanten positiv ist:*

$$\begin{vmatrix} a_{11} & \cdots & a_{1k} \\ \vdots & \ddots & \vdots \\ a_{k1} & \cdots & a_{kk} \end{vmatrix} > 0 \quad \textit{für} \quad k = 1,\ldots,n.$$

3.6 Der Vektorraum $\mathbb{R}^n$

Bereits in Abschnitt 3.2 wurden das Multiplizieren von n-dimensionalen Vektoren mit einer reellen Zahl und das Addieren solcher Vektoren untereinander erklärt. Diese Operationen ergeben wieder n-dimensionale Vektoren, man sagt, sie führen nicht aus der Menge dieser Vektoren hinaus. Diese Eigenschaft hat zur Bezeichnung Vektorraum geführt: Die Menge der n-dimensionalen Vektoren, für die die obigen beiden Operationen erklärt sind, bildet den *Vektorraum* $\mathbf{R}^n$. Definiert man zusätzlich noch die *Länge* eines Vektors $\mathbf{a}$ durch

$$|\mathbf{a}| := \sqrt{\mathbf{a}^T\mathbf{a}} = \sqrt{a_1^2 + a_2^2 + \cdots + a_n^2}$$

und den *Abstand* zweier Vektoren $\mathbf{a}, \mathbf{b}$ als $|\mathbf{a} - \mathbf{b}|$, so entsteht der euklidische Vektorraum $\mathbf{R}^n$.
Führt man die sogenannten *Koordinateneinheitsvektoren*

$$\mathbf{e}_1 = \begin{pmatrix} 1 \\ 0 \\ \vdots \\ 0 \end{pmatrix}, \quad \mathbf{e}_2 = \begin{pmatrix} 0 \\ 1 \\ \vdots \\ 0 \end{pmatrix}, \quad \cdots, \quad \mathbf{e}_n = \begin{pmatrix} 0 \\ 0 \\ \vdots \\ 1 \end{pmatrix}$$

ein, so kann jeder Vektor $\mathbf{a} \in \mathbf{R}^n$ als Linearkombination

$$\mathbf{a} = a_1\mathbf{e}_1 + a_2\mathbf{e}_2 + \cdots + a_n\mathbf{e}_n \tag{3.5}$$

dargestellt werden. Die Klärung der Frage, wann eine Vektormenge M geeignet ist, um beliebige Vektoren des $\mathbf{R}^n$ eindeutig als Linearkombination ihrer Vektoren darzustellen – eine solche Menge nennt man *Basis* des $\mathbf{R}^n$ –, führt auf den Begriff der linearen Abhängigkeit bzw. Unabhängigkeit von Vektoren.

Definition 3.4 *Die m Vektoren* $\mathbf{a}_1, \ldots, \mathbf{a}_m \in \mathbf{R}^n$ *heißen linear abhängig, wenn es Zahlen* $\lambda_1, \ldots, \lambda_m$ *gibt, die nicht alle gleichzeitig null sind, so daß*

$$\lambda_1\mathbf{a}_1 + \lambda_2\mathbf{a}_2 + \cdots + \lambda_m\mathbf{a}_m = \mathbf{0}$$

gilt. Andernfalls heißen die Vektoren $\mathbf{a}_1, \cdots, \mathbf{a}_m$ *linear unabhängig.*

Daß die Einheitsvektoren $\mathbf{e}_1, \ldots, \mathbf{e}_m$ linear unabhängig sind, ergibt sich aus dieser Definition unmittelbar. Um festzustellen, ob eine Menge anderer Vektoren linear abhängig oder unabhängig ist, kann wieder das Austauschverfahren von Abschnitt 3.3 angewendet werden.

Man schreibt die Vektoren $\mathbf{a}_i$ in der Form (3.5) und faßt sie zu dem Schema

$$\begin{array}{r|ccc} & \mathbf{e}_1 & \cdots & \mathbf{e}_n \\ \hline \mathbf{a}_1 = & a_{11} & \cdots & a_{1n} \\ \vdots & \vdots & \ddots & \vdots \\ \mathbf{a}_m = & a_{m1} & \cdots & a_{mn} \end{array} \tag{3.6}$$

zusammen. Der Vergleich mit dem Schema (3.4) linearer Funktionen zeigt, daß für das Schema (3.6) die gleichen Rechengesetze anzuwenden sind, wenn die Rolle zweier Vektoren $\mathbf{a}_\sigma$ und $\mathbf{e}_\tau$ vertauscht werden soll. Nach dieser Vertauschung stellt man fest, daß die Menge der im neuen Schema "oben" stehenden Vektoren wieder linear unabhängig ist. Denn aus

$$\lambda_1\mathbf{e}_1 + \cdots + \lambda_{\tau-1}\mathbf{e}_{\tau-1} + \lambda_\tau\mathbf{a}_\sigma + \lambda_{\tau+1}\mathbf{e}_{\tau+1} + \cdots + \lambda_n\mathbf{e}_n = \mathbf{0}$$

folgt durch Einsetzen von $\mathbf{a}_\sigma = \ldots$ aus dem alten Schema

$$(\lambda_1 + \lambda_\tau a_{\sigma 1})\mathbf{e}_1 + \cdots + \lambda_\tau a_{\sigma\tau}\mathbf{e}_\tau + \cdots + (\lambda_n + \lambda_\tau a_{\sigma n})\mathbf{e}_n = \mathbf{0}$$

also – weil die Einheitsvektoren linear unabhängig sind –

$$\lambda_1 + \lambda_\tau a_{\sigma 1} = 0, \ldots, \lambda_\tau a_{\sigma\tau} = 0, \ldots, \lambda_n + \lambda_\tau a_{\sigma n} = 0$$

und wegen $a_{\sigma\tau} \neq 0$ schließlich $\lambda_\tau = 0$ und $\lambda_1 = \ldots = \lambda_{\tau-1} = \lambda_{\tau+1} = \ldots = \lambda_n = 0$. Die Vektoren $\mathbf{e}_1, \ldots, \mathbf{e}_{\tau-1}, \mathbf{a}_\sigma, \mathbf{e}_{\tau+1}, \ldots, \mathbf{e}_n$ sind also linear unabhängig. Den Austausch der Vektoren $\mathbf{a}_i$ gegen die Einheitsvektoren $\mathbf{e}_k$ setzt man so lange wie möglich fort. Da stets die im Schema "oben" stehenden Vektoren linear unabhängig sind – und auch jede Teilmenge linear unabhängiger Vektoren linear unabhängig ist –, bilden die ausgetauschten Vektoren $\mathbf{a}_i$ stets eine Menge linear unabhängiger Vektoren. Wenn der Austausch abbricht, weil keine geeigneten Pivotelemente vorhanden sind, stellen die restlichen Zeilen $\mathbf{a}_i = \cdots$ Abhängigkeitsbeziehungen zwischen den Vektoren $\mathbf{a}_k$ selbst dar. Es gilt also

Satz 3.4 *Eine Menge von Vektoren $\mathbf{a}_i$ ist genau dann linear unabhängig, wenn im Schema (3.6) der vollständige Austausch gegen Einheitsvektoren möglich ist.*

Als Folgerung ergibt sich erstens, daß die maximale Anzahl linear unabhängiger n-dimensionaler Vektoren gleich n ist. Zweitens läßt sich mit diesem Verfahren jeder Vektor des $\mathbf{R}^n$ als Linearkombination jeder Menge von n linear unabhängigen Vektoren des $\mathbf{R}^n$ eindeutig darstellen.

Bei der praktischen Durchführung wird man mit Zeilentilgung arbeiten, und wenn die Abhängigkeitsbeziehungen nicht gefragt sind, zusätzlich mit Spaltentilgung.

Beispiel 3.11 Läßt sich aus den Vektoren

$$\mathbf{a}_1 = \begin{pmatrix} -1 \\ 1 \\ 1 \end{pmatrix} \quad \mathbf{a}_2 = \begin{pmatrix} 1 \\ 0 \\ 1 \end{pmatrix} \quad \mathbf{a}_3 = \begin{pmatrix} 1 \\ 1 \\ 3 \end{pmatrix} \quad \mathbf{a}_4 = \begin{pmatrix} 6 \\ -3 \\ -4 \end{pmatrix}$$

eine Basis des $\mathbf{R}^3$ bilden? Gegebenenfalls ist der restliche Vektor in dieser Basis darzustellen.

	$\mathbf{e}_1$	$\mathbf{e}_2$	$\mathbf{e}_3$
$\mathbf{a}_1 =$	[-1]	1	1
$\mathbf{a}_2 =$	1	0	1
$\mathbf{a}_3 =$	1	1	3
$\mathbf{a}_4 =$	6	−3	−4
K	*	1	1

	$\mathbf{a}_1$	$\mathbf{e}_2$	$\mathbf{e}_3$
$\mathbf{a}_2 =$	−1	[1]	2
$\mathbf{a}_3 =$	−1	2	4
$\mathbf{a}_4 =$	−6	3	2
K	1	*	−2

	$\mathbf{a}_1$	$\mathbf{a}_2$	$\mathbf{e}_3$
$\mathbf{a}_3 =$	1	2	0
$\mathbf{a}_4 =$	−3	3	[-4]

Ergebnis: Die Vektoren $\mathbf{a}_1, \mathbf{a}_2$, $\mathbf{a}_4$ bilden eine Basis des $\mathbf{R}^3$. Die Darstellung von $\mathbf{a}_3$ in dieser Basis ist $\mathbf{a}_3 = \mathbf{a}_1 + 2\mathbf{a}_2$.

Eine Basis $\mathbf{a}_1, \ldots , \mathbf{a}_n$ des $\mathbf{R}^n$ wird *orthonormale Basis* genannt, wenn die Vektoren $\mathbf{a}_i$ paarweise orthogonal sind und die Länge Eins haben:

$$\mathbf{a}_i^{\mathrm{T}}\mathbf{a}_k = \begin{cases} 0 & \text{für} \quad i \neq k \\ 1 & \text{für} \quad i = k \end{cases} \qquad (i, k = 1, \ldots , n)$$

Für die Darstellung eines Vektors $\mathbf{x}$ in einer solchen Basis gilt

$$\mathbf{x} = (\mathbf{x}^{\mathrm{T}}\mathbf{a}_1)\mathbf{a}_1 + (\mathbf{x}^{\mathrm{T}}\mathbf{a}_2)\mathbf{a}_2 + \cdots + (\mathbf{x}^{\mathrm{T}}\mathbf{a}_n)\mathbf{a}_n.$$

Rang einer Matrix

Über den Begriff der linearen Unabhängigkeit von Vektoren wird der Rang einer Matrix definiert: Der *Zeilenrang* einer Matrix $\mathbf{A}$ ist die Maximalzahl linear unabhängiger Zeilenvektoren, der *Spaltenrang* die Maximalzahl linear unabhängiger Spaltenvektoren von $\mathbf{A}$.

Um den Zeilenrang einer Matrix $\mathbf{A}$ zu berechnen, hat man also im System $\mathbf{y} = \mathbf{A}\mathbf{x}$ den Austausch $\mathbf{y} \leftrightarrow \mathbf{x}$ so weit wie möglich durchzuführen, wobei Zeilen- und Spaltentilgung verwendet werden kann. Die Anzahl der möglichen Austauschschritte ist der Zeilenrang. Für die Feststellung des Spaltenrangs müßte man Gleiches an der transponierten Matrix $\mathbf{A}^{\mathrm{T}}$ ausführen. Aus den Rechengesetzen des Austauschverfahrens ist aber ersichtlich, daß diese Rechnung für den Spaltenrang an der transponierten Matrix – gleiche Wahl der Pivotelemente vorausgesetzt – stets "transponiert" zur Rechnung für den Zeilenrang verläuft. Zeilenrang und Spaltenrang sind also gleich, man setzt

$$\text{Rang}\,(\mathbf{A}) = \text{Zeilenrang} = \text{Spaltenrang}.$$

3.7 Lineare Gleichungssysteme

Ein System m linearer Gleichungen für n Unbekannte x_k

$$\begin{aligned} a_{11}x_1 + a_{12}x_2 + \cdots + a_{1n}x_n &= b_1 \\ a_{21}x_1 + a_{22}x_2 + \cdots + a_{2n}x_n &= b_2 \\ &\vdots \\ a_{m1}x_1 + a_{m2}x_2 + \cdots + a_{mn}x_n &= b_m \end{aligned} \tag{3.7}$$

kann gemäß den Regeln der Matrixmultiplikation mit der Matrix $\mathbf{A} = (a_{ik})$ und den Vektoren $\mathbf{b} = (b_i)$, $\mathbf{x} = (x_k)$ $(i = 1, \ldots, m;\ k = 1, \ldots, n)$ als Vektorgleichung

$$\mathbf{Ax} = \mathbf{b}$$

geschrieben werden. Das Gleichungssystem heißt *homogen*, wenn $\mathbf{b} = \mathbf{0}$, das heißt, wenn $b_i = 0$ für alle $i = 1, \ldots, m$, *inhomogen*, wenn $\mathbf{b} \neq \mathbf{0}$, das heißt, wenn $b_i \neq 0$ für wenigstens ein $i = 1, \ldots, m$ gilt. Ist das Gleichungssystem lösbar, so wird die Menge aller Lösungen als *allgemeine Lösung* bezeichnet.
Zur Beantwortung theoretischer Fragen zu linearen Gleichungssystemen, vor allem aber zu ihrer Lösung, ordnet man dem Gleichungssystem (3.7) das System linearer Funktionen

$$\mathbf{y} = \mathbf{Ax} - \mathbf{b} \text{ mit } \mathbf{y} = (y_i), i = 1, \ldots, m \tag{3.8}$$

zu. Das Gleichungssystem (3.7) lösen ist offensichtlich äquivalent damit, für das Funktionensystem (3.8) Variable x_i, y_i zu finden mit $y_i = 0$ für alle $i = 1, \ldots, m$, die alle Gleichungen gleichzeitig erfüllen. Dazu ist wieder das Austauschverfahren geeignet: Man versucht, alle Basisvariablen y_i gegen gewisse Nichtbasisvariablen x_k auszutauschen. Jede ausgetauschte Variable y_i ist dann unabhängige Variable geworden und kann somit null gesetzt werden. Im Austauschverfahren heißt das, die neuen Pivotspalten werden weggelassen, man rechnet also mit Spaltentilgung. Der Austausch $y_i \leftrightarrow x_k$ kann mit folgenden Situationen enden:

1) Alle y_i sind ausgetauscht. Die Gleichungen des letzen Schemas sind eine Darstellung der allgemeinen Lösung des Gleichungssystems. Sind noch unabhängige Variable (Nichtbasisvariable) x_k vorhanden, so sind sie die freien Parameter dieser Lösungsdarstellung.

2) Der Austausch ist nicht fortsetzbar, weil keine Nichtbasisvariablen x_k mehr vorhanden sind oder weil alle in Kreuzungspunkten von y_i-Zeilen und x_k-Spalten stehenden Elemente null sind. Sind in allen y_i-Zeilen auch

noch die Elemente der 1-Spalte null, so können alle y_i-Zeilen gestrichen werden (denn sie enthalten nur noch Nullen). Die verbleibenden Gleichungen des letzten Schemas ergeben wieder eine Darstellung der allgemeinen Lösung des Gleichungssystems (vgl. Fall 1).

3) Der Austausch ist aus gleichem Grund wie in Fall 2) nicht fortsetzbar, aber es gibt mindestens eine y_i-Zeile, deren Element der 1-Spalte nicht null ist. Dann folgt aus dieser y_i-Zeile unmittelbar $y_i \neq 0$, das Gleichungssystem ist also unlösbar.

Beispiel 3.12 (zu Fall 1). Gesucht ist die allgemeine Lösung des Systems

$$\begin{array}{rcrcrcr} -x_1 & + & x_2 & + & x_3 & = & 4 \\ x_1 & + & 2x_2 & - & 4x_3 & = & -1 \end{array}$$

Mit dem Austauschverfahren erhält man

	x_1	x_2	x_3	1
$y_1 =$	[-1]	1	1	−4
$y_2 =$	1	2	−4	1
K	*	1	1	−4

	x_2	x_3	1
$x_1 =$	1	1	−4
$y_2 =$	3	[-3]	−3
K	1	*	−1

	x_2	1
$x_1 =$	2	−5
$x_3 =$	1	−1

Ergebnis: Das Gleichungssystem hat unendlich viele Lösungen:

$$x_1 = -5 + 2\lambda, \quad x_2 = \lambda, \quad x_3 = -1 + \lambda \quad (\lambda \in \mathbf{R}, \text{ freier Parameter}).$$

Beispiel 3.13 (zu Fall 2). Gesucht ist die allgemeine Lösung des Systems

$$\begin{array}{rcrcr} x_1 & - & 2x_2 & = & 6 \\ 2x_1 & + & x_2 & = & 2 \\ 3x_1 & + & x_2 & = & 4 \end{array}$$

Mit dem Austauschverfahren ergibt sich

	x_1	x_2	1
$y_1 =$	[1]	−2	−6
$y_2 =$	2	1	−2
$y_3 =$	3	1	−4
K	*	2	6

	x_2	1
$x_1 =$	2	6
$y_2 =$	[5]	10
$y_3 =$	7	14
K	*	−2

	1
$x_1 =$	2
$x_2 =$	−2
$y_3 =$	0

Ergebnis: Das Gleichungssystem hat die einzige Lösung

$$x_1 = 2, \quad x_2 = -2.$$

Die beiden Fälle 1) und 2), in denen Lösbarkeit vorliegt, lassen sich gemeinsam wie folgt charakterisieren: Der Austausch läßt sich auch dann nicht fortsetzen, wenn die 1-Spalte mit zum Austausch zur Verfügung stände. Das heißt aber, daß die Matrizen $\mathbf{A}$ und die um die 1-Spalte $-\mathbf{b}$ erweiterte Matrix $(\mathbf{A}|-\mathbf{b})$ den gleichen Rang haben. Es gilt also

Satz 3.5 *Das lineare Gleichungssystem* $\mathbf{Ax} = \mathbf{b}$ *ist genau dann lösbar, wenn Rang* $(\mathbf{A}) =$ *Rang* $(\mathbf{A}|\mathbf{b})$ *gilt.*

Ob das System $\mathbf{Ax} = \mathbf{b}$ eindeutig lösbar ist, läßt sich besonders einfach beantworten, wenn die Systemmatrix $\mathbf{A}$ quadratisch, also vom Typ (n, n) ist. Denn damit kein x_k unabhängige Variable und damit frei wählbar bleibt, müssen alle y_i gegen alle x_k ausgetauscht werden. Das ist aber genau im Fall $\det \mathbf{A} \neq 0$ möglich.

Satz 3.6 *Das lineare Gleichungssystem* $\mathbf{Ax} = \mathbf{b}$ *mit quadratischer Koeffizientenmatrix ist genau dann eindeutig lösbar, wenn* $\det \mathbf{A} \neq 0$ *gilt.*

Für das homogene Gleichungssystem $\mathbf{Ax} = \mathbf{0}$ lassen sich ebenso einfach Aussagen zur Lösbarkeit gewinnen. Da es stets die sogenannte *triviale* Lösung $\mathbf{x} = \mathbf{0}$ hat, ist von besonderem Interesse, wann eine nicht triviale Lösung vorliegt. Man stellt fest, daß dies genau dann der Fall ist, wenn $\det \mathbf{A} = 0$ gilt.
Da die Zahl der möglichen Austauschschritte gleich dem Rang der Matrix $\mathbf{A}$ ist, ist die Zahl der freien Parameter in der allgemeinen Lösung des homogenen Gleichungssystems gleich $n - Rang(\mathbf{A})$. Dies ist gleichzeitig auch die Anzahl der linear unabhängigen Lösungsvektoren des homogenen Gleichungssystems.

Cramersche Regel. Für kleine Gleichungssysteme ($n = 2, 3$) und für Sonderfälle kann auch die folgende explizite Formel für die Lösung des linearen Gleichungssystems $\mathbf{Ax} = \mathbf{b}$ mit regulärer quadratischer Koeffizientenmatrix $\mathbf{A}$ vom Typ (n, n) eingesetzt werden:

$$x_k = \frac{\det \mathbf{A}_k}{\det \mathbf{A}} \text{ mit } \mathbf{A}_k = \begin{pmatrix} a_{11} & \cdots & a_{1,k-1} & b_1 & a_{1,k+1} & \cdots & a_{1n} \\ \vdots & & \vdots & \vdots & \vdots & & \vdots \\ a_{n1} & \cdots & a_{n,k-1} & b_n & a_{n,k+1} & \cdots & a_{nn} \end{pmatrix},$$

$k = 1, \ldots, n.$

3.8 Eigenwertaufgaben

Bei der analytischen Untersuchung von Schwingungsvorgängen in der Technik – das Standardbeispiel ist die Schwingung eines mit einzelnen Massen belasteten

Balkens –, bei der Ermittlung der Hauptspannungsrichtungen in Materialien, aber auch bei betriebswirtschaftlichen Modellen treten Aufgaben der folgenden Art auf:
Für eine gegebene (n, n)-Matrix $\mathbf{A} = (a_{ik})$ sind alle Zahlen $\lambda \in \mathbb{C}$ und zugehörige Vektoren $\mathbf{x} \in \mathbf{R}^n$ gesucht, so daß

$$\mathbf{A}\mathbf{x} = \lambda\mathbf{x} \quad \text{und} \quad \mathbf{x} \neq \mathbf{0} \tag{3.9}$$

gilt. Eine solche Zahl λ heißt *Eigenwert* und jeder zugehörige Vektor $\mathbf{x}$ *Eigenvektor* der Matrix $\mathbf{A}$. Multipliziert man die Gleichung (3.9) mit einer Zahl $c \neq 0$, so läßt sich der neuen Gleichung die Form $\mathbf{A}(c\mathbf{x}) = \lambda(c\mathbf{x})$ geben. Wenn $\mathbf{x}$ ein Eigenvektor von $\mathbf{A}$ ist, ist also auch der Vektor $c\mathbf{x}$ ein Eigenvektor von $\mathbf{A}$. Zu jedem Eigenwert λ gibt es demnach unendlich viele zugehörige Eigenvektoren. Zwei Eigenvektoren $c_1\mathbf{x}$ und $c_2\mathbf{x}$ bilden allerdings eine Menge linear abhängiger Vektoren.
Wie man Eigenwerte und zugehörige Eigenvektoren berechnen kann, ergibt sich aus der Umstellung der Gleichung (3.9) zu dem homogenen linearen Gleichungssystem

$$(\mathbf{A} - \lambda\mathbf{E})\mathbf{x} = \mathbf{0}. \tag{3.10}$$

Dieses Gleichungssystem besitzt genau dann nicht triviale Lösungen, wenn die Determinante seiner Koeffizientenmatrix $\mathbf{A} - \lambda\mathbf{E}$ null ist. Die Determinante dieser Matrix ergibt gemäß den Berechnungsvorschriften in Abschnitt 3.4 ein Polynom $n-$ten Grades in λ. Eine komplexe oder reelle Zahl λ ist also genau dann Eigenwert der Matrix $\mathbf{A}$, wenn sie Nullstelle des sogenannten *charakteristischen Polynoms* $p_n(\lambda) = \det(\mathbf{A} - \lambda\mathbf{E})$ ist:

$$p_n(\lambda) = \begin{vmatrix} a_{11}-\lambda & a_{12} & \cdots & a_{1n} \\ a_{21} & a_{22}-\lambda & \cdots & a_{2n} \\ \vdots & \vdots & \ddots & \vdots \\ a_{n1} & a_{n2} & \cdots & a_{nn}-\lambda \end{vmatrix} = 0$$

Die Vielfachheit der Nullstelle λ des charakteristischen Polynoms heißt *algebraische Vielfachheit* des Eigenwertes λ.
Hat man einen Eigenwert λ bestimmt und will noch den bzw. die zugehörigen Eigenvektoren berechnen, so setzt man den Eigenwert λ in das lineare Gleichungssystem (3.10) ein, bestimmt dessen allgemeine Lösung $\mathbf{x}_h$ und stellt diese als Linearkombination mit den freien Parametern $\alpha_i, \quad i = 1, \ldots, m(\lambda)$ als Koeffizienten dar:

$$\mathbf{x}_h = \alpha_1\mathbf{x}_1 + \cdots + \alpha_{m(\lambda)}\mathbf{x}_{m(\lambda)} \tag{3.11}$$

Die Vektoren $\mathbf{x}_1, \ldots, \mathbf{x}_{m(\lambda)}$ dieser Linearkombination sind die zum Eigenwert λ gehörigen linear unabhängigen Eigenvektoren. Entsprechend den in Abschnitt 3.7 gewonnenen Aussagen zu homogenen Gleichungssystemen ist die Anzahl $m(\lambda)$ der freien Parameter in der Lösungsdarstellung (3.11) und damit die Anzahl der zu λ gehörigen linear unabhängigen Eigenvektoren gleich

$$m(\lambda) = n - \text{Rang}\,(\mathbf{A} - \lambda\mathbf{E})$$

und heißt *geometrische Vielfachheit* des Eigenwertes λ. Sie ist nicht größer als die algebraische Vielfachheit des Eigenwertes λ.

Beispiel 3.14 Berechnung aller Eigenwerte und der linear unabhängigen Eigenvektoren zum kleinsten Eigenwert für die Matrix

$$\mathbf{A} = \begin{pmatrix} -4 & -3 & 3 \\ 2 & 3 & -6 \\ -1 & -3 & 0 \end{pmatrix}.$$

Charakteristisches Polynom und Eigenwerte:

$$\begin{vmatrix} -4-\lambda & -3 & 3 \\ 2 & 3-\lambda & -6 \\ -1 & -3 & -\lambda \end{vmatrix} = -\lambda^3 - \lambda^2 + 21\lambda + 45 = -(\lambda+3)(\lambda+3)(\lambda-5)$$

$$\longrightarrow \lambda_1 = \lambda_2 = -3, \quad \lambda_3 = 5$$

Eigenvektoren zu $\lambda_{1/2} = -3$:

	x_1	x_2	x_3
$y_1 =$	[-1]	-3	3
$y_2 =$	2	6	-6
$y_3 =$	-1	-3	3
K	$*$	-3	3

	x_2	x_3
$x_1 =$	-3	3
$y_2 =$	0	0
$y_3 =$	0	0

$$\rightarrow \quad x_1 = -3\alpha_1 + 3\alpha_2, \quad x_2 = \alpha_1, \quad x_3 = \alpha_2$$

$$\longrightarrow \mathbf{x}_1 = \begin{pmatrix} -3 \\ 1 \\ 0 \end{pmatrix}, \quad \mathbf{x}_2 = \begin{pmatrix} 3 \\ 0 \\ 1 \end{pmatrix}$$

Als Nullstellen eines Polynoms sind die Eigenwerte i.allg. komplexe Zahlen. Wenn die Elemente der Matrix $\mathbf{A}$ reelle Zahlen sind, sind auch die Koeffizienten des charakteristischen Polynoms p_n reell, was zur Folge hat, daß komplexe Eigenwerte stets paarweise in konjugiert komplexer Form λ, λ^* auftreten. Es

läßt sich in diesem Fall nachweisen, daß es unter den zugehörigen Eigenvektoren welche gibt, die sich ebenfalls zueinander in konjugiert komplexer Form $\mathbf{x}, \mathbf{x}^*$ befinden.
Da das charakteristische Polynom p_n nach GAUSS n Nullstellen hat, wenn man sie entsprechend ihrer Vielfachheit zählt, ist die Summe aller algebraischen Vielfachheiten der Eigenwerte einer (n, n)-Matrix gleich n. Die Summe aller geometrischen Vielfachheiten ist dagegen höchstens n.
Symmetrische Matrizen besitzen bezüglich der Eigenwerte und Eigenvektoren weitreichende günstige Eigenschaften, die hier ohne Nachweis angegeben werden müssen. Erstens sind ihre Eigenwerte stets reell, zweitens gibt es zu einem p-fachen Eigenwert stets p linear unabhängige Eigenvektoren, das heißt, die algebraischen und geometrischen Vielfachheiten der Eigenwerte stimmen überein, und drittens sind zu verschiedenen Eigenwerten gehörige Eigenvektoren zueinander orthogonal.

3.9 Koordinatentransformationen

Im Raum $\mathbf{R}^n$ werden zwei Koordinatensysteme betrachtet. Das erste mit den bereits verwendeten Koordinateneinheitsvektoren

$$\mathbf{e}_1, \mathbf{e}_2, \ldots, \mathbf{e}_n$$

wird als das "alte" und das zweite mit den linear unabhängigen Koordinateneinheitsvektoren

$$\mathbf{c}_1 = \begin{pmatrix} c_{11} \\ c_{21} \\ \vdots \\ c_{n1} \end{pmatrix}, \quad \mathbf{c}_2 = \begin{pmatrix} c_{12} \\ c_{22} \\ \vdots \\ c_{n2} \end{pmatrix}, \cdots, \mathbf{c}_n = \begin{pmatrix} c_{1n} \\ c_{2n} \\ \vdots \\ c_{nn} \end{pmatrix} \tag{3.12}$$

als das "neue" Koordinatensystem bezeichnet. Bei diesen Darstellungen ist zu beachten, daß die angegebenen Komponenten c_{ik} die Komponenten im alten Koordinatensystem sind. Das neue Koordinatensystem ist i.allg. nicht mehr rechtwinklig, und seine Koordinateneinheitsvektoren haben im alten Koordinatensystem i.allg. nicht die Länge Eins. Faßt man die Vektoren (3.12) spaltenweise zu einer Matrix $\mathbf{C} = (\mathbf{c}_1 | \cdots | \mathbf{c}_n) = (c_{ik})$ zusammen, können die neuen Koordinateneinheitsvektoren auch in der Form

$$\mathbf{c}_1 = \mathbf{C}\mathbf{e}_1, \quad \mathbf{c}_2 = \mathbf{C}\mathbf{e}_2, \ \ldots, \mathbf{c}_n = \mathbf{C}\mathbf{e}_n$$

angegeben werden. Sind nun

$$\mathbf{x} = \sum_{i=1}^{n} x_i \mathbf{e}_i \quad \text{und} \quad \mathbf{x}' = \sum_{k=1}^{n} x'_k \mathbf{c}_k$$

die Darstellungen ein und desselben Vektors im alten und neuen Koordinatensystem, so folgen aus der Umformung

$$\mathbf{x}' = \sum_k x'_k \mathbf{c}_k = \sum_k x'_k \left(\sum_i c_{ik} \mathbf{e}_i \right) = \sum_i \underbrace{\left(\sum_k c_{ik} x'_k \right)}_{=x_i} \mathbf{e}_i$$

die Formeln für die Umrechnung von Vektoren aus dem einen in das andere Koordinatensystem:

$$\mathbf{x} = \mathbf{C}\mathbf{x}' \quad \text{bzw.} \quad \mathbf{x}' = \mathbf{C}^{-1}\mathbf{x} \tag{3.13}$$

Soll das neue Koordinatensystem wieder paarweise zueinander rechtwinklige Koordinatenachsen besitzen, deren Koordinateneinheitsvektoren auch im alten Koordinatensystem die Länge Eins und die gleiche gegenseitige Orientierung besitzen, so muß $\mathbf{C}$ eine orthogonale Matrix (vgl. Abschn. 3.5) sein, und es muß zusätzlich $\det \mathbf{C} = 1$ gelten. In diesem Fall kann der Übergang vom einen zum anderen Koordinatensystem als Drehung des Koordinatensystems interpretiert werden.

Eine orthogonale Matrix mit der Eigenschaft $\det \mathbf{C} = 1$ wird deshalb *Drehmatrix* genannt.
Im Spezialfall $n = 2$ wird die Drehung des Koordinatensystems um den Winkel φ durch eine Koordinatentransformation mit der Drehmatrix

$$\mathbf{C} = \begin{pmatrix} \cos\varphi & -\sin\varphi \\ \sin\varphi & \cos\varphi \end{pmatrix}$$

beschrieben.

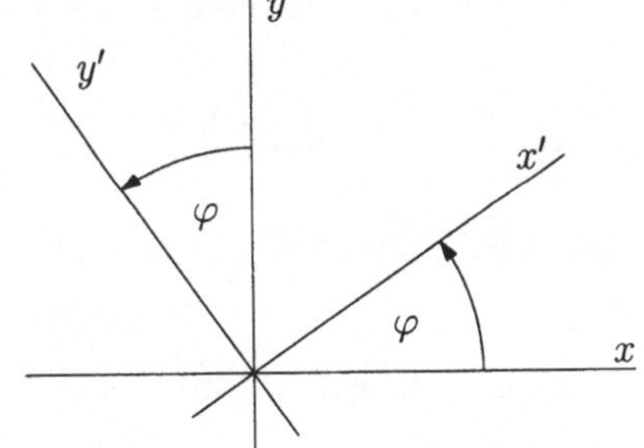

Bild 9: Drehung eines Koordinatensystems

Ähnlichkeitstransformationen
Durch eine (n, n)-Matrix $\mathbf{A}$ wird eine lineare Abbildung

$$\mathbf{y} = \mathbf{A}\mathbf{x} \mid \mathbf{R}^n \to \mathbf{R}^n \tag{3.14}$$

beschrieben. Transformiert man das Koordinatensystem gemäß (3.13) mit einer Drehmatrix $\mathbf{C}$, so geht (3.14) über in $\mathbf{C}\mathbf{y}' = \mathbf{A}\mathbf{C}\mathbf{x}'$. Daraus entsteht nach Multiplikation beider Seiten mit der inversen Matrix $\mathbf{C}^{-1} = \mathbf{C}^{\mathrm{T}}$ die Darstellung der linearen Abbildung (3.14) im neuen Koordinatensystem:

$$\mathbf{y}' = \mathbf{C}^{\mathrm{T}}\mathbf{A}\mathbf{C}\mathbf{x}' \tag{3.15}$$

Es läßt sich leicht nachweisen, daß die in (3.15) stehende Matrix $\mathbf{C}^{-1}\mathbf{AC}$ die gleichen Eigenwerte wie die Matrix $\mathbf{A}$ hat. Diese Eigenschaft gibt Anlaß dafür, die Matrix-Transformation $\mathbf{A} \to \mathbf{C}^{-1}\mathbf{AC}$ als **Ähnlichkeitstransformation** zu bezeichnen.
Im Falle einer symmetrischen Matrix kann man als Drehmatrix $\mathbf{C}$ die spaltenweise aus den normierten Eigenvektoren $\mathbf{c}_i$ gebildete Matrix

$$\mathbf{C} = (\mathbf{c}_1 | \cdots | \mathbf{c}_n) \tag{3.16}$$

verwenden (die zu mehrfachen Eigenwerten gehörenden Eigenvektoren müssen vorher noch orthogonalisiert werden). Die in (3.15) stehende Matrix $\mathbf{C}^{\mathrm{T}}\mathbf{AC}$ geht dann in die Diagonalmatrix $\mathbf{D} = diag(\lambda_i)$ über, womit aus (3.15) die besonders einfache "entkoppelte" Form

$$y_i' = \lambda_i x_i' \qquad i = 1, \ldots, n$$

für die betrachtete lineare Abbildung entsteht.

Hauptachsentransformation von Kegelschnitten

Eine quadratische Gleichung mit n Veränderlichen der Gestalt

$$\sum_{i,k=1}^{n} a_{ik} x_i x_k + \sum_{i=1}^{n} b_i x_i + c_0 = 0 \tag{3.17}$$

kann mit Hilfe der Matrix $\mathbf{A} = (a_{ik})$ und des Vektors $\mathbf{b} = (b_i) \quad (i, k = 1, \ldots, n)$ in der Form

$$\mathbf{x}^{\mathrm{T}}\mathbf{Ax} + \mathbf{b}^{\mathrm{T}}\mathbf{x} + c_0 = 0 \tag{3.18}$$

geschrieben werden. Ohne die Allgemeinheit einzuschränken, kann wegen des doppelten Auftretens jedes Produktterms $x_i x_k$ in der Doppelsumme von (3.17) – diese Doppelsumme wird als *quadratische Form* bezeichnet, vgl. S. 55 – vorausgesetzt werden, daß $a_{ik} = a_{ki}$ gilt, daß die Matrix $\mathbf{A}$ also symmetrisch ist. Durch eine Koordinatentransformation (3.13) kann man erreichen, daß die quadratische Form der transformierten Gleichung nur noch rein quadratische Terme enthält. Man hat dazu nur die Matrix $\mathbf{C}$ in (3.13) so zu wählen, daß die Matrix $\mathbf{A}$ in eine Diagonalmatrix übergeht. Das ist der Fall, wenn die Matrix $\mathbf{C}$ von (3.16) genommen wird. Dieser erste Schritt entspricht einer Drehung des Koordinatensystems, es entsteht aus (3.17) eine Gleichung der Form

$$\sum_{i=1}^{n} \lambda_i (x_i')^2 + \sum_{i=1}^{n} b_i' x_i' + c_0' = 0. \tag{3.19}$$

In einem zweiten Schritt kann man dann noch die Terme $b'_i x'_i$ durch quadratische Ergänzung mit den rein quadratischen Termen $\lambda_i(x'_i)^2$ vereinen, vorausgesetzt, es gilt $\lambda_i \neq 0$. Substituiert man schließlich die Ausdrücke unter den Quadraten durch neue Variable x''_i, so entsteht eine Gleichung der Form

$$\sum_{i=1}^{n} \lambda_i (x''_i)^2 + c''_0 = 0 \tag{3.20}$$

Für $n = 3$ stellt die quadratische Gleichung (3.17) bzw. ihre transformierte Form (3.20) eine *Fläche zweiter Ordnung*, für $n = 2$ einen *Kegelschnitt* dar. An Hand der in (3.19,3.20) vorkommenden Konstanten lassen sich die Flächen zweiter Ordnung bzw. die Kegelschnitte bezüglich ihrer geometrischen Form charakterisieren.

Kegelschnitte. Die nicht erwähnten Fälle können durch Multiplikation der Gleichung mit -1 oder durch Vertauschung der Numerierung der Variablen auf erwähnte Fälle zurückgeführt werden oder stellen unlösbare Gleichungen dar.

$\lambda_1 > 0, \lambda_2 > 0, \lambda_1 \neq \lambda_2, c''_0 < 0$	Ellipse
$\lambda_1 = \lambda_2 > 0, c''_0 < 0$	Kreis
$\lambda_1 \lambda_2 < 0, c''_0 \neq 0$	Hyperbel
$\lambda_1 \lambda_2 < 0, c''_0 = 0$	zwei Geraden
$\lambda_1 \lambda_2 > 0, c''_0 = 0$	Punkt
$\lambda_1 = 0, \lambda_2 \neq 0, b'_1 \neq 0$	Parabel
$\lambda_1 = 0, \lambda_2 \neq 0, b'_1 = b'_2 = 0, \lambda_2 c'_0 < 0$	zwei parallele Geraden
$\lambda_1 = 0, \lambda_2 \neq 0, b'_1 = b'_2 = c'_0 = 0$	eine Gerade

Beispiel 3.15 Die quadratische Gleichung

$$5x_1^2 + 2x_2^2 - 4x_1x_2 + 2x_1 - 6x_2 + 4 = 0$$

erhält mit

$$\mathbf{A} = \begin{pmatrix} 5 & -2 \\ -2 & 2 \end{pmatrix}, \quad \mathbf{b} = \begin{pmatrix} 2 \\ -6 \end{pmatrix}, \quad c_0 = 4$$

die Form (3.18). Die Eigenwerte und zugehörigen normierten Eigenvektoren von $\mathbf{A}$ sind

$$\lambda_1 = 1, \quad \mathbf{c}_1 = \frac{1}{\sqrt{5}} \begin{pmatrix} 1 \\ 2 \end{pmatrix}, \qquad \lambda_2 = 6, \quad \mathbf{c}_2 = \frac{1}{\sqrt{5}} \begin{pmatrix} 2 \\ -1 \end{pmatrix}.$$

Aus (3.13) mit der gemäß (3.16) gebildeten Matrix **C** ergeben sich die Transformationen

$$x_1 = \frac{1}{\sqrt{5}}(x_1' + 2x_2'), \qquad x_2 = \frac{1}{\sqrt{5}}(2x_1' - x_2'). \tag{3.21}$$

Damit geht die quadratische Gleichung über in

$$(x_1')^2 + 6(x_2')^2 - 2\sqrt{5}x_1' + 2\sqrt{5}x_2' + 4 = 0,$$

und schließlich mit Hilfe der quadratischen Ergänzungen in

$$\frac{\left(x_1' - \sqrt{5}\right)^2}{\frac{11}{6}} + \frac{\left(x_2' + \frac{\sqrt{5}}{6}\right)^2}{\frac{11}{36}} = 1.$$

Das ist eine Ellipsengleichung; Mittelpunkt $M'(\sqrt{5}, -\frac{1}{6}\sqrt{5})$ und Halbachsen $a' = \sqrt{11/6}$, $b' = \sqrt{11}/6$ der Ellipse können bezüglich des gedrehten Koordinatensystems x_1', x_2' unmittelbar abgelesen werden. Da das Koordinatensystem nur gedreht wurde, sind die Halbachsen im ursprünglichen Koordinatensystem die gleichen: $a = a', b = b'$, während der Mittelpunkt der Ellipse mit den Gleichungen (3.21) in die ursprünglichen Koordinaten rücktransformiert werden muß. Man erhält $M(2/3, 13/6)$.

3.10 Vektorrechnung im $\mathbb{R}^3$

Ein Vektor im $\mathbf{R}^3$ ist zunächst – entsprechend seiner Definition in Abschn. 3.2 – ein Gebilde aus drei untereinander geschriebenen Zahlen,

$$\mathbf{a} = \begin{pmatrix} a_x \\ a_y \\ a_z \end{pmatrix}.$$

(man verwendet im $\mathbf{R}^3$ oft die Indizierung der Komponenten entsprechend einem x, y, z-Koordinatensystem) für das gewisse Rechenregeln erklärt sind. Geometrisch ist diese Definition eines Vektors äquivalent mit einem gerichteten Pfeil, also mit einem Gebilde, das geradlinig ist, eine feste Länge hat sowie Richtung und Orientierung besitzt.

Die Multiplikation eines Vektors mit einer positiven Zahl λ bedeutet das Multiplizieren der Länge des Vektors mit λ und Beibehalten von Richtung und Orientierung (vgl. Bild 10), bei der Multiplikation mit einer negativen Zahl wird die Orientierung geändert und die Länge mit $|\lambda|$ multipliziert.

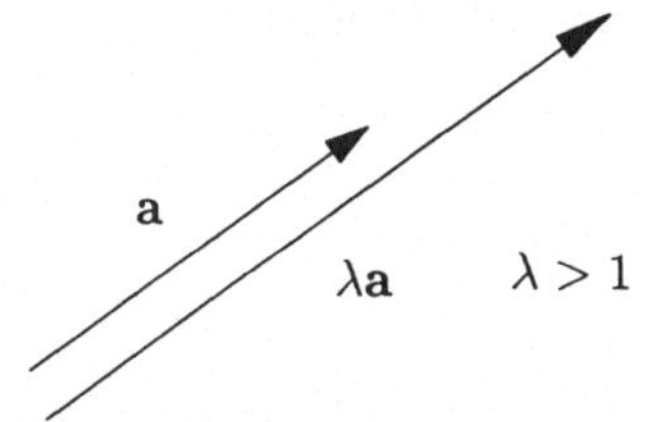

Bild 10: Multiplikation Zahl mal Vektor

Die Addition von Vektoren entspricht dem Aneinanderfügen der entsprechenden gerichteten Pfeile (vgl. Bild 11).

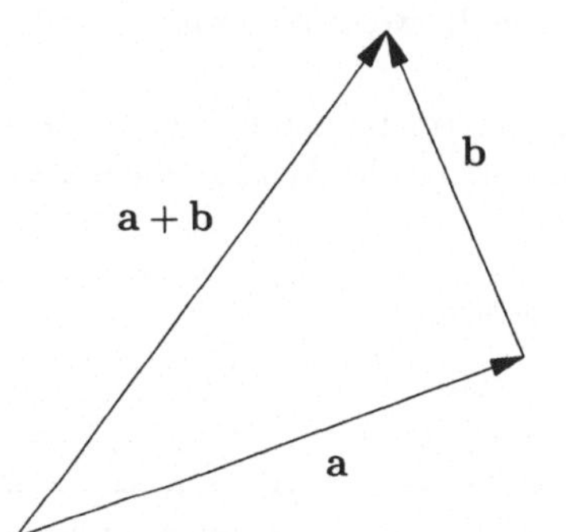

Bild 11: Addition von Vektoren

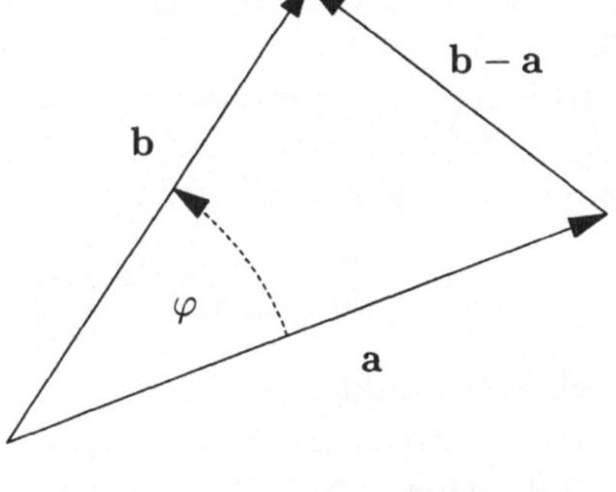

Bild 12: Zum Kosinussatz

Skalarprodukt

Um eine Formel für den Winkel φ zwischen zwei Vektoren $\mathbf{a}, \mathbf{b}$ zu erhalten, wendet man auf das durch die Vektoren $\mathbf{a}, \mathbf{b}, \mathbf{b} - \mathbf{a}$ gebildete Dreieck (vgl. Bild 12) den Kosinussatz an. Es ergibt sich

$$|\mathbf{b} - \mathbf{a}|^2 = |\mathbf{a}|^2 + |\mathbf{b}|^2 - 2|\mathbf{a}||\mathbf{b}| \cos \varphi$$

und daraus, wenn man

$$|\mathbf{b} - \mathbf{a}|^2 = (\mathbf{b} - \mathbf{a})^{\mathrm{T}}(\mathbf{b} - \mathbf{a}) = \mathbf{b}^{\mathrm{T}}\mathbf{b} - 2\mathbf{a}^{\mathrm{T}}\mathbf{b} - \mathbf{a}^{\mathrm{T}}\mathbf{a}$$

und

$$|\mathbf{a}|^2 = \mathbf{a}^{\mathrm{T}}\mathbf{a}, \qquad |\mathbf{b}|^2 = \mathbf{b}^{\mathrm{T}}\mathbf{b}$$

einsetzt und vereinfacht,

$$\mathbf{a}^{\mathrm{T}}\mathbf{b} = |\mathbf{a}||\mathbf{b}|\cos\varphi, \tag{3.22}$$

also schließlich

$$\boxed{\cos\varphi = \frac{\mathbf{a}^{\mathrm{T}}\mathbf{b}}{|\mathbf{a}||\mathbf{b}|}} \tag{3.23}$$

Als wichtiger Spezialfall dieser Beziehung ergibt sich für $\varphi = 90°$ die **Aussage**: Zwei vom Nullvektor verschiedene Vektoren stehen genau dann aufeinander senkrecht (sind genau dann orthogonal), wenn ihr Skalarprodukt null ist.

Aus Formel (3.23) ergeben sich unmittelbar die sogenannten *Richtungskosinus* eines Vektors $\mathbf{a} = (a_x, a_y, a_z)^{\mathrm{T}}$, das sind die Kosinus der Winkel, die der Vektor $\mathbf{a}$ mit den drei Koordinatenachsen einschließt:

$$\cos\alpha_i = \frac{a_i}{|\mathbf{a}|} = \frac{a_i}{\sqrt{a_x^2 + a_y^2 + a_z^2}} \qquad i = x, y, z$$

Vektorprodukt

Definition 3.5 *Das Vektorprodukt oder Kreuzprodukt des Vektors* $\mathbf{a} = (a_x, a_y, a_z)^{\mathrm{T}}$ *mit dem Vektor* $\mathbf{b} = (b_x, b_y, b_z)^{\mathrm{T}}$ *ist der Vektor* $\mathbf{c} = (c_x, c_y, c_z)^{\mathrm{T}}$ *mit den Komponenten*

$$c_x = \begin{vmatrix} a_y & a_z \\ b_y & b_z \end{vmatrix}, \quad c_y = -\begin{vmatrix} a_x & a_z \\ b_x & b_z \end{vmatrix}, \quad c_z = \begin{vmatrix} a_x & a_y \\ b_x & b_y \end{vmatrix}. \tag{3.24}$$

Bezeichnung: $\boxed{\mathbf{c} = \mathbf{a} \times \mathbf{b}}$

Symbolische Schreibweise: Als Merkhilfe für die definierenden Formeln (3.24) des Vektorprodukts dient

$$\mathbf{a} \times \mathbf{b} = \begin{vmatrix} \mathbf{e}_x & \mathbf{e}_y & \mathbf{e}_z \\ a_x & a_y & a_z \\ b_x & b_y & b_z \end{vmatrix},$$

denn die formale Entwicklung dieser Determinante nach der ersten Zeile ergibt die Gleichungen (3.24).

Beispiel 3.16

$$\mathbf{a} = \begin{pmatrix} 3 \\ 1 \\ 0 \end{pmatrix} \qquad \mathbf{b} = \begin{pmatrix} -1 \\ 2 \\ 0 \end{pmatrix}$$

$$\mathbf{a} \times \mathbf{b} = \begin{vmatrix} \mathbf{e}_x & \mathbf{e}_y & \mathbf{e}_z \\ 3 & 1 & 0 \\ -1 & 2 & 0 \end{vmatrix} = \mathbf{e}_x \begin{vmatrix} 1 & 0 \\ 2 & 0 \end{vmatrix} - \mathbf{e}_y \begin{vmatrix} 3 & 0 \\ -1 & 0 \end{vmatrix} + \mathbf{e}_z \begin{vmatrix} 3 & 1 \\ -1 & 2 \end{vmatrix}$$

$$= \mathbf{e}_x \cdot 0 - \mathbf{e}_y \cdot 0 + \mathbf{e}_z \cdot 7 = \begin{pmatrix} 0 \\ 0 \\ 7 \end{pmatrix}$$

Man kann mit Hilfe der Rechengesetze für Determinanten leicht nachprüfen, daß für das Vektorprodukt die folgenden Rechenregeln gelten:

$$\begin{aligned} &\mathbf{a} \times \mathbf{b} = -\mathbf{b} \times \mathbf{a} \\ &\mathbf{a} \times \mathbf{a} = \mathbf{0} \\ &\mathbf{a} \times (\mathbf{b} + \mathbf{c}) = \mathbf{a} \times \mathbf{b} + \mathbf{a} \times \mathbf{c} \\ &\mathbf{a} \times (\lambda \mathbf{b}) = \lambda(\mathbf{a} \times \mathbf{b}) \quad (\lambda \text{ reelle Zahl}) \end{aligned}$$

Die erste dieser Regeln ergibt sich unmittelbar aus der Definition des Vektorproduktes, da die Vertauschung der Reihenfolge von **a** und **b** einen Vorzeichenwechsel jeder der drei in (3.24) stehenden Determinanten hervorruft. Die zweite Regel ergibt sich ebenfalls direkt aus (3.24), denn im Fall $\mathbf{b} = \mathbf{a}$ sind alle drei in (3.24) vorkommenden Determinanten null, weil ihre beiden Zeilen gleich sind. Die dritte Regel wird mit Hilfe des Rechengesetzes 7) für Determinanten (vgl. Abschn. 3.4) bewiesen. Für die erste Komponente des Vektors $\mathbf{a} \times (\mathbf{b} + \mathbf{c})$ gilt laut Definition 3.5 und Rechengesetz 7) für Determinanten

$$\begin{vmatrix} a_y & a_z \\ b_y + c_y & b_z + c_z \end{vmatrix} = \begin{vmatrix} a_y & a_z \\ b_y & b_z \end{vmatrix} + \begin{vmatrix} a_y & a_z \\ c_y & c_z \end{vmatrix},$$

sie ist also gleich der Summe der ersten Komponenten der Vektoren $\mathbf{a} \times \mathbf{b}$ und $\mathbf{a} \times \mathbf{c}$. Analog weist man diesen Sachverhalt für die zweiten und dritten Komponenten nach.

Die vierte Regel ergibt sich als Folgerung des Rechengesetzes 3) für Determinanten (Abschn. 3.4). Für die erste Komponente des Vektors $\mathbf{a} \times (\lambda \mathbf{b})$ gilt gemäß Definition 3.5 und Rechengesetz 3) für Determinanten

$$\begin{vmatrix} a_y & a_z \\ \lambda b_y & \lambda b_z \end{vmatrix} = \lambda \begin{vmatrix} a_y & a_z \\ b_y & b_z \end{vmatrix},$$

sie ist also gleich der ersten Komponente des Vektors $\lambda(\mathbf{a} \times \mathbf{b})$. Der Nachweis für die anderen beiden Komponenten erfolgt ebenso.

Etwas umständlicher, aber ebenfalls elementar, ergibt sich das Rechengesetz (auf seinen Beweis wird verzichtet)

$$(\mathbf{a} \times \mathbf{b}) \times \mathbf{c} = (\mathbf{a} \cdot \mathbf{c})\mathbf{b} - (\mathbf{b} \cdot \mathbf{c})\mathbf{a} \qquad \text{Entwicklungssatz} \qquad (3.25)$$

Im Folgenden werden die wesentlichen geometrischen Eigenschaften des Kreuzprodukts in drei Aussagen zusammengefaßt.

Aussage 1: Der Vektor $\mathbf{a} \times \mathbf{b}$ steht senkrecht auf den Vektoren $\mathbf{a}$ und $\mathbf{b}$, d.h., es gilt

$$\begin{aligned} (\mathbf{a} \times \mathbf{b}) \cdot \mathbf{a} &= 0, \\ (\mathbf{a} \times \mathbf{b}) \cdot \mathbf{b} &= 0. \end{aligned} \qquad (3.26)$$

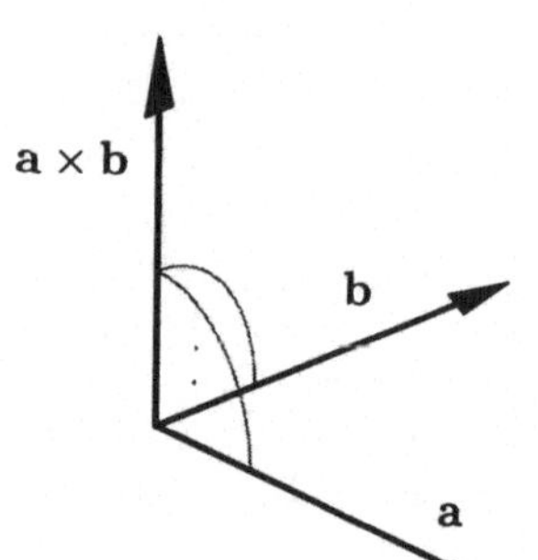

Bild 13: Orthogonalitätseigenschaft des Kreuzprodukts

Diese Behauptung ist leicht zu begründen, denn es gilt entsprechend den Definitionen (3.22,3.24) von Skalar- und Vektorprodukt

$$(\mathbf{a} \times \mathbf{b}) \cdot \mathbf{a} = \begin{vmatrix} \mathbf{e}_x & \mathbf{e}_y & \mathbf{e}_z \\ a_x & a_y & a_z \\ b_x & b_y & b_z \end{vmatrix} \cdot \begin{pmatrix} a_x \\ a_y \\ a_z \end{pmatrix} = \begin{vmatrix} a_x & a_y & a_z \\ a_x & a_y & a_z \\ b_x & b_y & b_z \end{vmatrix}.$$

Da in dieser Determinante zwei Zeilen gleich sind, hat sie den Wert null. Analog wird $(\mathbf{a} \times \mathbf{b}) \cdot \mathbf{b} = 0$ nachgewiesen.

Aussage 2: Der Vektor $\mathbf{a} \times \mathbf{b}$ ist so orientiert, daß die Vektoren $\mathbf{a}, \mathbf{b}, \mathbf{a} \times \mathbf{b}$ ein Rechtssystem bilden, d.h., wenn $\mathbf{a}$ zu $\mathbf{b}$ gedreht wird, zeigt $\mathbf{a} \times \mathbf{b}$ in Richtung der dieser Drehung entsprechenden Rechtsschraube.

Aussage 3: Der Flächeninhalt A des durch die Vektoren $\mathbf{a}, \mathbf{b}$ aufgespannten Parallelogramms ist gleich dem Betrag des Vektorproduktes von $\mathbf{a}$ und $\mathbf{b}$.

$$A = |\mathbf{a} \times \mathbf{b}| = |\mathbf{a}||\mathbf{b}| \sin \varphi \tag{3.27}$$

Dabei ist φ der Winkel zwischen den Vektoren $\mathbf{a}$ und $\mathbf{b}$, mit $0 \leq \varphi \leq \pi$.
Beweis: Zuerst wird eine Formel für $(\mathbf{a} \times \mathbf{b}) \cdot (\mathbf{c} \times \mathbf{d})$ aufgestellt. Mit der Substitution $\mathbf{a} \times \mathbf{b} =: \mathbf{u}$ und dem Entwicklungssatz ergibt sich zunächst

$$\begin{aligned} \mathbf{u} \cdot (\mathbf{c} \times \mathbf{d}) &= (\mathbf{c} \times \mathbf{d}) \cdot \mathbf{u} = (\mathbf{u} \times \mathbf{c}) \cdot \mathbf{d} = \{(\mathbf{a} \times \mathbf{b}) \times \mathbf{c}\} \cdot \mathbf{d} \\ &= \{(\mathbf{a} \cdot \mathbf{c})\mathbf{b} - (\mathbf{b} \cdot \mathbf{c})\mathbf{a}\} \cdot \mathbf{d} = (\mathbf{a} \cdot \mathbf{c})(\mathbf{b} \cdot \mathbf{d}) - (\mathbf{b} \cdot \mathbf{c})(\mathbf{a} \cdot \mathbf{d}) \end{aligned}$$

Setzt man jetzt $\mathbf{c} = \mathbf{a}$ und $\mathbf{d} = \mathbf{b}$, so ergibt sich

$$\begin{aligned} (\mathbf{a} \times \mathbf{b}) \cdot (\mathbf{a} \times \mathbf{b}) &= \mathbf{a}^2\mathbf{b}^2 - (\mathbf{a} \cdot \mathbf{b})^2 \\ |\mathbf{a} \times \mathbf{b}|^2 &= |\mathbf{a}|^2|\mathbf{b}|^2 - |\mathbf{a}|^2|\mathbf{b}|^2 \cos^2 \varphi = |\mathbf{a}|^2|\mathbf{b}|^2 \sin^2 \varphi \end{aligned}$$

und damit

$$|\mathbf{a} \times \mathbf{b}| = |\mathbf{a}||\mathbf{b}| \sin \varphi.$$

Beispiel 3.17 Zu berechnen ist die Fläche A_D des Dreiecks mit den Eckpunkten

$$P_1(-1, 1, 0), \ P_2(1, 2, -1), \ P_3(0, 4, 1).$$

Die Fläche dieses Dreiecks ist halb so groß wie die Fläche A_P des Parallelogramms, das durch die Vektoren

$$\overrightarrow{P_1P_2} = \begin{pmatrix} 2 \\ 1 \\ -1 \end{pmatrix} \text{ und } \overrightarrow{P_1P_3} = \begin{pmatrix} 1 \\ 3 \\ 1 \end{pmatrix}$$

aufgespannt wird. Es ergibt sich also

$$\begin{aligned} A_D &= \frac{1}{2}A_P = \frac{1}{2}\left|\overrightarrow{P_1P_2} \times \overrightarrow{P_1P_3}\right| = \frac{1}{2}\left| \begin{vmatrix} \mathbf{e}_x & \mathbf{e}_y & \mathbf{e}_z \\ 2 & 1 & -1 \\ 1 & 3 & 1 \end{vmatrix} \right| \\ &= \frac{1}{2}\left|\begin{pmatrix} 4 \\ -3 \\ 5 \end{pmatrix}\right| = \frac{1}{2}\sqrt{4^2 + 3^2 + 5^2} = \frac{5}{2}\sqrt{2}. \end{aligned}$$

Spatprodukt

Definition 3.6 *Die Zahl* $(\mathbf{a} \times \mathbf{b}) \cdot \mathbf{c}$ *heißt Spatprodukt der drei Vektoren* $\mathbf{a}, \mathbf{b}, \mathbf{c}$ *und wird durch* $(\mathbf{a}, \mathbf{b}, \mathbf{c})$ *abkürzend geschrieben.*

Aussage 4: Das Volumen V_S des durch die Vektoren $\mathbf{a}, \mathbf{b}, \mathbf{c}$ aufgespannten Parallelepipeds (Spates) ist gleich dem Wert des Spatprodukts dieser Vektoren:

$$V_S = (\mathbf{a}, \mathbf{b}, \mathbf{c}).$$

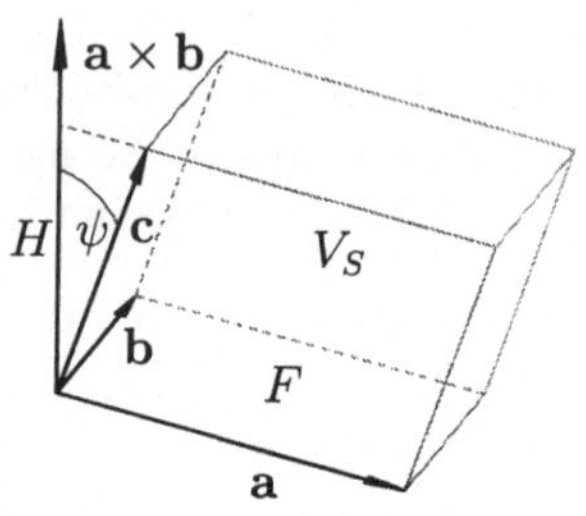

Bild 14: Zur Volumenformel des Spates

Beweis (vgl. Bild 14): Bezeichnet man mit F die durch die Vektoren $\mathbf{a}, \mathbf{b}$ aufgespannte Grundfläche und mit H die Höhe des Spates, sowie mit ψ den Winkel zwischen dem Vektor $\mathbf{c}$ und dem Normalenvektor der Grundfläche (dieser hat die Richtung von $\mathbf{a} \times \mathbf{b}$), so erhält man unter Verwendung von (3.22) und (3.27)

$$V_S = F \cdot H = |\mathbf{a} \times \mathbf{b}| \cdot |\mathbf{c}| \cos \psi = (\mathbf{a} \times \mathbf{b}) \cdot \mathbf{c} = (\mathbf{a}, \mathbf{b}, \mathbf{c}).$$

Weil sich der von den Vektoren $\mathbf{a}, \mathbf{b}, \mathbf{c}$ aufgespannte Tetraeder sechsmal in dem von $\mathbf{a}, \mathbf{b}, \mathbf{c}$ aufgespannten Spat anordnen läßt, ergibt sich als unmittelbare Folgerung die

Aussage 5: Das Volumen V_T des durch die Vektoren $\mathbf{a}, \mathbf{b}, \mathbf{c}$ aufgespannten Tetraeders ist

$$V_T = \frac{1}{6}(\mathbf{a}, \mathbf{b}, \mathbf{c}).$$

3.11 Geraden und Ebenen im R^3

Zur Beschreibung räumlicher geometrischer Objekte verwendet man den Begriff des Ortsvektors: Der *Ortsvektor* eines Punktes $P(x, y, z)$ ist der Vektor, der im Punkt $P(0,0,0)$ beginnt und im Punkt $P(x, y, z)$ endet. Die Koordinaten des Punktes $P(x, y, z)$ entsprechen Komponenten seines Ortsvektors. So wie bei der 'stetigen' Änderung eines Punktes P eine Kurve oder eine Fläche entsteht, verhält es sich analog mit der Variation eines Ortsvektors. Durch die Endpunkte eines Ortsvektors $\mathbf{x}$, dessen Komponenten von einem Parameter λ abhängen, wird durch Variation dieses Parameters i.allg. eine *Raumkurve*

$$\mathbf{x}(\lambda) = \begin{pmatrix} x(\lambda) \\ y(\lambda) \\ z(\lambda) \end{pmatrix}$$

beschrieben. Als spezielle Raumkurve entsteht eine *Gerade*, wenn die drei Komponenten $x(\lambda), y(\lambda), z(\lambda)$ des Ortsvektors affin lineare Funktionen in λ sind und der Parameter λ alle reellen Zahlen durchläuft:

$$\mathbf{x} = \begin{pmatrix} x_0 + \lambda a_x \\ y_0 + \lambda a_y \\ z_0 + \lambda a_z \end{pmatrix}, \quad \lambda \in \mathbf{R}.$$

Dieser Vektor $\mathbf{x} = \mathbf{x}(\lambda)$ kann mit Hilfe der beiden Vektoren

$$\mathbf{x}^0 = \begin{pmatrix} x_0 \\ y_0 \\ z_0 \end{pmatrix} \quad \text{und} \quad \mathbf{a} = \begin{pmatrix} a_x \\ a_y \\ a_z \end{pmatrix}$$

($\mathbf{a}$ darf nicht der Nullvektor sein)in der Form

$$\mathbf{x} = \mathbf{x}^0 + \lambda\mathbf{a},\ \lambda \in \mathbf{R} \quad \text{Parameterdarstellung einer Geraden} \tag{3.28}$$

geschrieben werden. Die geometrische Interpretation dieser Geradengleichung ist das in Bild 15 dargestellte Konstruktionsprinzip einer Geraden: Zum Ortsvektor $\mathbf{x}^0$ des Fußpunktes P_0 werden alle λ-fachen des *Richtungsvektors* $\mathbf{a}$ addiert. Diese Geradendarstellung entspricht der sogenannten Punkt-Richtungsform einer Geraden in der Ebene.

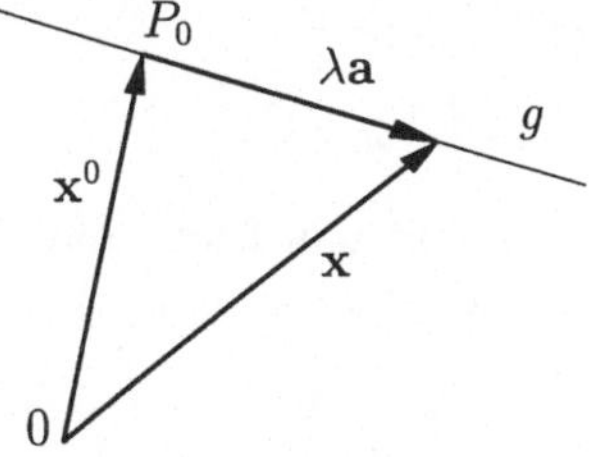

Bild 15: Parameterdarstellung einer Geraden

Wenn ein Ortsvektor $\mathbf{x}$ von zwei Parametern λ, μ abhängt, entsteht durch Variation dieser Parameter i.allg. eine Fläche und insbesondere eine Ebene, wenn die Komponenten des Ortsvektors affin lineare Funktionen der beiden Parameter sind und diese alle reellen Zahlen durchlaufen:

$$\mathbf{x}(\lambda, \mu) = \begin{pmatrix} x(\lambda, \mu) \\ y(\lambda, \mu) \\ z(\lambda, \mu) \end{pmatrix} = \begin{pmatrix} x_0 + \lambda a_x + \mu b_x \\ y_0 + \lambda a_y + \mu b_y \\ z_0 + \lambda a_z + \mu b_z \end{pmatrix}, \quad \lambda, \mu \in \mathbf{R}.$$

Geht man mit Hilfe der Vektoren (**a**, **b** dürfen nicht parallel sein)

$$\mathbf{x}^0 = \begin{pmatrix} x_0 \\ y_0 \\ z_0 \end{pmatrix}, \quad \mathbf{a} = \begin{pmatrix} a_x \\ a_y \\ a_z \end{pmatrix}, \quad \mathbf{b} = \begin{pmatrix} b_x \\ b_y \\ b_z \end{pmatrix}$$

zur vektoriellen Schreibweise über, so entsteht

$$\mathbf{x} = \mathbf{x}^0 + \lambda\mathbf{a} + \mu\mathbf{b}, \; \lambda, \mu \in \mathbf{R} \quad \text{Parameterdarstellung einer Ebene.} \quad (3.29)$$

Wie bei der Geraden erkennt man an dieser Gleichung das Konstruktionsprinzip: Zum Ortsvektor $\mathbf{x}^0$ des Fußpunktes P_0 werden alle λ-fachen des *Richtungsvektors* **a** und alle μ-fachen des *Richtungsvektors* **b** addiert (siehe Bild 16). Die Parameterdarstellung einer Ebene stellt ein System von drei linearen Gleichungen dar, in denen die fünf Variablen x, y, z, λ, μ vorkommen. Durch Elimination der zwei Variablen λ, μ kann dieses System also auf **eine** Gleichung mit den drei Variablen x, y, z reduziert werden:

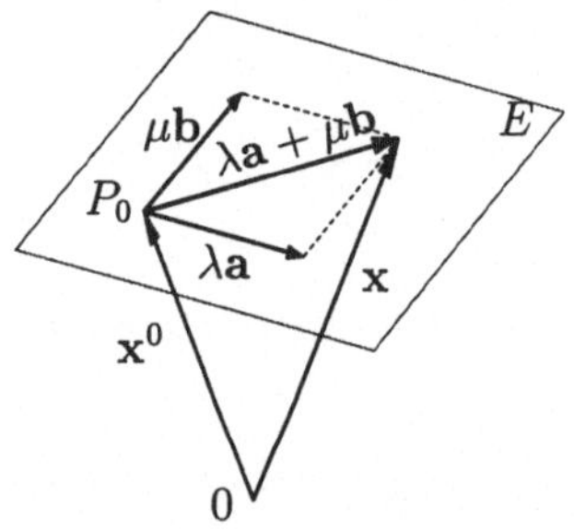

Bild 16: Parameterdarstellung einer Ebene

$$Ax + By + Cz = D \qquad \text{Normalform der Ebenengleichung}$$

Man erkennt nun leicht, daß der aus den Koeffizienten der linken Seite dieser Gleichung gebildete Vektor

$$\mathbf{n} = \begin{pmatrix} A \\ B \\ C \end{pmatrix}$$

ein Vektor ist, der senkrecht zur Ebene gerichtet ist, d.h. ein Normalenvektor der Ebene ist. Denn sind P und Q zwei Punkte auf der Ebene mit den Ortsvektoren **p** und **q**, so folgt aus

$$Ap_x + Bp_y + Cp_z = D \text{ und } Aq_x + Bq_y + Cq_z = D$$

durch Subtraktion beider Gleichungen

$$A(p_x - q_x) + B(p_y - q_y) + C(p_z - q_z) = 0,$$

was in der Form

$$\mathbf{n} \cdot (\mathbf{p} - \mathbf{q}) = 0$$

geschrieben werden kann, d.h., der Vektor $\mathbf{n}$ ist orthogonal zu jedem Vektor zwischen zwei Ebenenpunkten.
Diese Orthogonalitätseigenschaft des Vektors $\mathbf{n}$ kann man zu seiner Berechnung ausnutzen. Wenn die Ebene in Parameterdarstellung (3.29) gegeben ist, erhält man $\mathbf{n}$ als Kreuzprodukt der Vektoren $\mathbf{a}$ und $\mathbf{b}$:

$$\mathbf{n} = \mathbf{a} \times \mathbf{b}.$$

Den Koeffizienten D der Normalform kann man berechnen, indem man einen speziellen Punkt der Ebene, z.B. den Punkt P_0, in die Normalform einsetzt; man erhält $D = \mathbf{n} \cdot \mathbf{x}^0$.
Als Hessesche Normalform bezeichnet man die normierte Form der Ebenengleichung

$$\frac{Ax + By + Cz - D}{\sqrt{A^2 + B^2 + C^2}} = 0. \qquad \text{Hessesche Normalform}$$

Setzt man einen beliebigen Punkt P (mit Ortsvektor $\mathbf{x}$) des $\mathbf{R}^3$ - also einen Punkt, der i.allg. nicht auf der Ebene liegt, in die Hessesche Normalform ein, so erhält man (vgl. Bild 17)

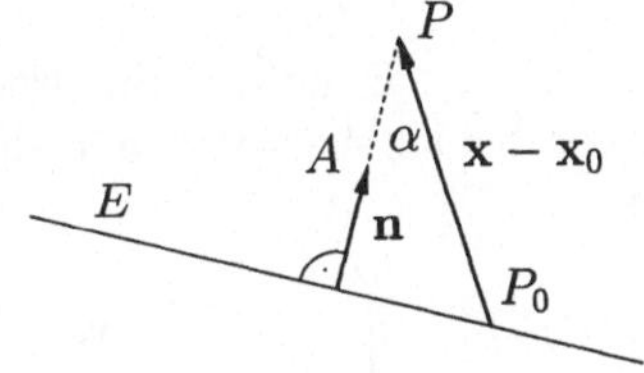

Bild 17: Abstand Punkt - Ebene

$$\begin{aligned} \frac{\mathbf{n} \cdot \mathbf{x} - D}{|\mathbf{n}|} &= \frac{\mathbf{n} \cdot \mathbf{x} - \mathbf{n} \cdot \mathbf{x}^0}{|\mathbf{n}|} = \frac{\mathbf{n}}{|\mathbf{n}|} \cdot (\mathbf{x} - \mathbf{x}^0) = \mathbf{e}_n \cdot (\mathbf{x} - \mathbf{x}^0) \\ &= |\mathbf{e}_n| \cdot |\mathbf{x} - \mathbf{x}^0| \cdot \cos\alpha = |\mathbf{x} - \mathbf{x}^0| \cdot \cos\alpha = A, \end{aligned}$$

also den Abstand (vorzeichenbehaftet) des Punktes P von der Ebene E. Das Vorzeichen von A ist positiv, wenn der Punkt P auf der vom Normalenvektor gewiesenen Seite der Ebene liegt.

Beispiel 3.18 Gesucht ist der Abstand A des Punktes $P(10, -1, 2)$ von der Ebene

$$\begin{aligned} x &= 2 + \lambda - \mu \\ y &= -1 + \lambda + 2\mu \\ z &= 3 - 2\lambda. \end{aligned}$$

Die Vektoren $\mathbf{x}^0, \mathbf{a}, \mathbf{b}$ der vektoriellen Form dieser Parameterdarstellung sind

$$\mathbf{x}^0 = (2, -1, 3)^{\mathrm{T}}, \quad \mathbf{a} = (1, 1, -2)^{\mathrm{T}}, \quad \mathbf{b} = (-1, 2, 0)^{\mathrm{T}}.$$

Hieraus ergibt sich der Normalenvektor $\mathbf{n}$ zu

$$\mathbf{n} = \mathbf{a} \times \mathbf{b} = \begin{vmatrix} \mathbf{e}_x & \mathbf{e}_y & \mathbf{e}_z \\ 1 & 1 & -2 \\ -1 & 2 & 0 \end{vmatrix} = \begin{pmatrix} 4 \\ 2 \\ 3 \end{pmatrix}$$

und der Koeffizient D zu $D = \mathbf{n} \cdot \mathbf{x}^0 = 4 \cdot 2 + 2(-1) + 3 \cdot 3 = 15$. Die Normalform der Ebenengleichung ist also

$$4x + 2y + 3z = 15,$$

woraus die Hessesche Normalform

$$\frac{4x + 2y + 3z - 15}{\sqrt{29}} = 0$$

folgt. Einsetzen des Punktes P in diese Gleichung ergibt $A = \frac{29}{\sqrt{29}} = \sqrt{29}$.

Beispiel 3.19 Gesucht ist der Durchstoßpunkt Q der Geraden

$$g : x = -3 + 4t, \quad y = 2t, \quad z = 5 - t$$

durch die Ebene E, auf der die drei Punkte $P_1(0, 1, 0)$, $P_2(-1, 1, 0)$, $P_3(1, 0, 1)$ liegen. Die beiden Vektoren $\mathbf{a}, \mathbf{b}$ der Parameterdarstellung von E erhält man z.B. als

$$\mathbf{a} = \overrightarrow{P_1P_2} = \begin{pmatrix} -1 \\ 0 \\ 0 \end{pmatrix}, \quad \mathbf{b} = \overrightarrow{P_1P_3} = \begin{pmatrix} 1 \\ -1 \\ 1 \end{pmatrix}$$

und damit wie in Beispiel 3.16

$$\mathbf{n} = \mathbf{a} \times \mathbf{b} = \begin{vmatrix} \mathbf{e}_x & \mathbf{e}_y & \mathbf{e}_z \\ -1 & 0 & 0 \\ 1 & -1 & 1 \end{vmatrix} = \begin{pmatrix} 0 \\ 1 \\ 1 \end{pmatrix}$$

und $D = \mathbf{n} \cdot \mathbf{x}^1 = (0, 1, 1) \cdot (0, 1, 0)^{\mathrm{T}} = 1$. Die Normalform der Ebene E ist also

$$y + z = 1.$$

Diese Ebenengleichung muß vom gesuchten Durchstoßpunkt Q der Geraden erfüllt werden. Durch Einsetzen der Koordinaten x, y, z der Geradengleichung in die Ebenengleichung erhält man eine Bestimmungsgleichung für den Parameter t der Geraden:

$$2t + 5 - t = 1.$$

Es ergibt sich $t = -4$ und damit $Q = Q(-19, -8, 9)$.

4 Lineare Optimierung

4.1 Angewandte Optimierungsmodelle

In vielen praktischen Fällen, wo eine zu optimierende Zielgröße von mehreren Variablen abhängt, kann diese Abhängigkeit durch lineare bzw. affin lineare Funktionen (vgl. Abschnitt 3.1) beschrieben werden. Wenn dann noch die vorhandenen Einschränkungen der Variablen ebenfalls durch lineare Gleichungen oder/und Ungleichungen gegeben sind (dabei soll mindestens eine Ungleichung vorkommen), entsteht eine lineare Optimierungsaufgabe.

Beispiel 4.1 (Produktionsplanung). Ein Bauversorger stellt durch Mischen aus drei Ausgangsstoffen A_1, A_2 und A_3 mit dem Mischungsverhältnis 5:2:1 die Mörtelsorte M_1 und mit dem Mischungsverhältnis 3:1:1 die Mörtelsorte M_2 her. Der Verkaufspreis pro Tonne beträgt 160 DM für M_1 und 200 DM für M_2. Nach Erledigung aller Aufträge sind vom Ausgangsstoff A_1 noch 150 t, von A_2 noch 50 t und von A_3 noch 40 t vorrätig. Für diesen Restposten soll ein Produktionsplan nach dem Prinzip der Erlösmaximierung aufgestellt werden.
Bezeichnet man die von der Mörtelsorte M_i hergestellte Menge (in t) mit x_i und den Erlös (in DM) mit z, so gilt $z = 160x_1 + 200x_2$. Die die Produktion einschränkenden Bedingungen erhält man aus den Verbrauchsbilanzen der einzelnen Rohstoffe. Zur Herstellung der x_1 Tonnen der Mörtelsorte M_1 werden $\frac{5}{8}x_1$ Tonnen des Ausgangsstoffs A_1, $\frac{2}{8}x_1$ Tonnen von A_2 und $\frac{1}{8}x_1$ Tonnen von A_3 eingesetzt, und für die Herstellung der x_2 Tonnen von M_2 braucht man $\frac{3}{5}x_2$ von A_1 und $\frac{1}{5}x_2$ von R_2 und R_3. Vom Ausgangsstoff A_1 werden also $\frac{5}{8}x_1 + \frac{3}{5}x_2$, von A_2 insgesamt $\frac{2}{8}x_1 + \frac{1}{5}x_2$ und von A_3 insgesamt $\frac{1}{8}x_1 + \frac{1}{5}x_2$ (alles in t) benötigt. Im mathematischen Modell ist auch zu berücksichtigen, daß nur nichtnegative Werte von x_1 und x_2 sinnvoll sind. Die Zielfunktion z und alle einschränkenden Bedingungen zusammen ergeben das mathematische Modell

$$z = 160x_1 + 200x_2 \rightarrow \max$$

mit

$$\begin{aligned} \tfrac{5}{8}x_1 + \tfrac{3}{5}x_2 &\leq 150 \\ \tfrac{2}{8}x_1 + \tfrac{1}{5}x_2 &\leq 50 \\ \tfrac{1}{8}x_1 + \tfrac{1}{5}x_2 &\leq 40 \\ x_1 \geq 0, \quad x_2 &\geq 0 \end{aligned}$$

Die Lösung dieser linearen Optimierungsaufgabe kann mit dem Simplexverfahren (s. Abschn. 4.3) erfolgen.

Beispiel 4.2 (Transportoptimierung). Von drei Zementwerken A_i mit der täglichen Produktion $a_i (i = 1, 2, 3)$ soll Zement zu vier Baustellen B_k mit dem täglichen Bedarf b_k $(k = 1, \dots, 4)$ transportiert werden. Produktion, Bedarf und Transportkosten c_{ik} je Mengeneinheit sind für ein konkretes Beispiel in der folgenden Tabelle zusammengestellt.

$a_i \setminus b_k$	90	80	60	30
50	5	3	3	4
150	7	2	6	5
60	4	1	3	1

Welche Baustellen müssen von welchen Zementwerken mit wieviel Mengeneinheiten beliefert werden, damit alle Baustellen ihren Bedarf erhalten – ein solcher Lieferplan wird Transportplan genannt – und damit die Gesamt-Transportkosten minimal werden? Als Variable führt man hier die vom Zementwerk A_i zur Baustelle B_k zu transportierenden Mengen x_{ik} ein. Das mathematische Modell lautet dann

$$z = \sum_{i=1}^{3} \sum_{k=1}^{4} c_{ik} x_{ik} \to \min \quad \text{mit}$$

$$\sum_{k=1}^{4} x_{ik} = a_i \quad (i = 1, 2, 3), \qquad \sum_{i=1}^{3} x_{ik} = b_k \quad (k = 1, \dots, 4)$$

$$x_{ik} \geq 0 \quad (i = 1, 2, 3; k = 1, \dots, 4).$$

Wir stellen wieder fest, daß es sich um eine lineare Zielfunktion z handelt, und daß auch alle Bedingungen lineare Gleichungen oder Ungleichungen sind. Es ist also eine lineare Optimierungsaufgabe. Ihre Lösung erfolgt mit einer speziellen Variante des Simplexverfahrens (s. Literatur).

Beispiel 4.3 (Zuschnittoptimierung). Ein Bauversorger besitze einen ausreichend großen Vorrat an Kanthölzern eines bestimmten Profils. Für dieses Profil liegen von Baubetrieben insgesamt folgende Bestellungen vor:

50 mal Länge 2 m
40 mal Länge 3 m
10 mal Länge 5 m
10 mal Länge 6 m

Wie viele Kanthölzer der Länge 8 m müssen vom Bauversorger mindestens zerschnitten werden, um diese Aufträge zu erfüllen?

Offenbar muß bei dieser Aufgabenstellung zuerst eine Liste der möglichen Zuschnittvarianten aufgestellt werden:

Zuschnitt-variante	6 m	5 m	3 m	2 m
1	1			1
2		1	1	
3		1		1
4			2	1
5			1	2
6				4

Weitere Varianten, z.B. „1 mal 3 m und 1 mal 2 m", brauchen nicht beachtet zu werden, da es in der Liste schon eine entsprechende günstigere Variante gibt. Nachdem diese Liste erstellt wurde, führt man als Variable x_i die Anzahl der nach der i-ten Variante zu zerschneidenden Kanthölzer ein. Die Gesamtzahl der zerschnittenen Kanthölzer ist also $z = x_1 + x_2 + \cdots + x_6$. Die Bilanz der hergestellten Auftragsstücke erfolgt durch Summation über die Spalten der Variantentabelle. Es entsteht damit das mathematische Modell

$$z = x_1 + x_2 + x_3 + x_4 + x_5 + x_6 \to \min$$

$$\begin{array}{llllll} \text{mit} & x_1 & & & & \geq 10 \\ & & x_2 & +x_3 & & \geq 10 \\ & & x_2 & & +2x_4 + x_5 & \geq 40 \\ & x_1 & & +x_3 & +\, x_4 + 2x_5 + 4x_6 & \geq 50 \end{array}$$

$x_i \geq 0,\ x_i$ ganzzahlig $(i = 1, \ldots, 6)$

Diese Optimierungsaufgabe stellt formal keine lineare Optimierungsaufgabe dar, weil die Bedingung „x_i ganzzahlig" keine lineare Gleichung oder Ungleichung ist. Aus der mathematischen Theorie zu dieser Aufgabe (soweit heute erforscht) geht hervor, daß dieser Unterschied nicht nur formaler Art ist, sondern ernste Erschwernisse für die Bereitstellung von Lösungsverfahren mit sich bringt. Bezüglich Lösungsverfahren (z.B. Gomory-Verfahren) muß also auf die Literatur verwiesen werden. Man kann natürlich die Ganzzahligkeitsbedingung ignorieren und die verbleibende lineare Optimierungsaufgabe lösen. Man erhält dann aber als Schein-Lösung $x_1^* = 10, x_2^* = 10, x_3^* = 0, x_4^* = 15, x_5^* = 0, x_6^* = 6\frac{1}{4}$ mit $z^* = 41\frac{1}{4}$, die zunächst sinnlos ist wegen der Bruchzahlen [1]). Man braucht aber nur x_6^* aufzurunden auf $x_6 = 7$ und erhält damit eine Lösung mit $z = 42$. Leider geht das dann nicht mehr, wenn mehrere Komponenten der Scheinlösung nicht ganzzahlig sind.

[1]) Der Index $*$ bedeutet hier nicht „konjugiert komplex" wie im Abschn. 2, sondern bezeichnet, wie in der Angewandten Mathematik üblich, die Lösung einer Aufgabe.

4.2 Normalform und Basisdarstellung linearer Optimierungsaufgaben

Die Aufgabe, einen Vektor $\mathbf{x}^* = (x_1^*, x_2^*, \dots, x_n^*)^{\mathrm{T}}$ so zu bestimmen, daß seine Komponenten vorgegebene Bedingungen der Form

$$\begin{array}{lcl} \alpha_{11}x_1 + \alpha_{12}x_2 + \cdots + \alpha_{1n}x_n & = & \alpha_1 \\ \dots\dots\dots\dots\dots\dots & & \\ \alpha_{r1}x_1 + \alpha_{r2}x_2 + \cdots + \alpha_{rn}x_n & = & \alpha_r \\ \beta_{11}x_1 + \beta_{12}x_2 + \cdots + \beta_{1n}x_n & \le & \beta_1 \\ \dots\dots\dots\dots\dots\dots & & \\ \beta_{s1}x_1 + \beta_{s2}x_2 + \cdots + \beta_{sn}x_n & \le & \beta_s \\ \gamma_{11}x_1 + \gamma_{12}x_2 + \cdots + \gamma_{1n}x_n & \ge & \gamma_1 \\ \dots\dots\dots\dots\dots\dots & & \\ \gamma_{t1}x_1 + \gamma_{t2}x_2 + \cdots + \gamma_{tn}x_n & \ge & \gamma_t \end{array} \tag{4.1}$$

erfüllen und er sich unter allen Vektoren $\mathbf{x}$, die diese Bedingungen erfüllen, dadurch auszeichnet, daß für ihn der Wert einer vorgegebenen Funktion, der *Zielfunktion*

$$z(\mathbf{x}) = c_1x_1 + c_2x_2 + \cdots + c_nx_n + c_0 \tag{4.2}$$

am kleinsten (Minimumaufgabe) oder größten (Maximumaufgabe) ist, heißt lineare Optimierungsaufgabe. Jeder Vektor $\mathbf{x}^*$ mit den beschriebenen Eigenschaften wird als *Optimallösung* der linearen Optimierungsaufgabe (4.1, 4.2) bezeichnet. Die gestellten Bedingungen (4.1) werden *Nebenbedingungen* genannt. Ein Vektor $\mathbf{x}$, der alle Nebenbedingungen erfüllt, heißt *zulässiger Vektor*. Eine Variable x_i, für die unter den Nebenbedingungen nicht $x_i \ge q_i$ mit $q_i \ge 0$ vorkommt, heißt *freie Variable.*

Eine lineare Optimierungsaufgabe hat Normalform, wenn sie eine Minimumaufgabe ist und außer den Nichtnegativbedingungen $x_i \ge 0$ $(i = 1, \dots, n)$ keine weiteren Ungleichungen enthält. Mit der Matrix $\mathbf{A} = (\alpha_{ij})$ und den Vektoren $\mathbf{a} = (a_i), \mathbf{c} = (c_i)$ kann eine solche Aufgabe in der vektoriellen Form

$$z = \mathbf{c}^{\mathrm{T}}\mathbf{x} + c_0 \to \min \quad \text{mit} \quad \mathbf{Ax} = \mathbf{a},\ \mathbf{x} \ge \mathbf{0} \qquad \text{Normalform}$$

geschrieben werden. Durch Anwendung der folgenden drei Maßnahmen kann jede lineare Optimierungsaufgabe der Form (4.1, 4.2) in eine äquivalente Aufgabe in Normalform transformiert werden.

1. Ungleichungen in Gleichungen überführen durch *Schlupfvariable* s_i :

$$\beta_{i1}x_1 + \beta_{i2}x_2 + \cdots + \beta_{in}x_n \le \beta_i \Longrightarrow \beta_{i1}x_1 + \cdots + \beta_{in}x_n + s_i = \beta_i,\ s_i \ge 0$$

$$\gamma_{i1}x_1 + \gamma_{i2}x_2 + \cdots + \gamma_{in}x_n \ge \gamma_i \Longrightarrow \gamma_{i1}x_1 + \cdots + \gamma_{in}x_n - s_i = \gamma_i,\ s_i \ge 0$$

2. Freie Variable x_i beseitigen durch Substitution

$$x_i := u_i - v_i, \quad u_i \geq 0,\ v_i \geq 0$$

3. Maximumaufgabe in Minimumaufgabe überführen durch Vorzeichenänderung aller Koeffizienten der Zielfunktion

Beispiel 4.4 Die lineare Optimierungsaufgabe

$$z = x_1 - 2x_2 \to \max \quad \text{mit} \quad \begin{array}{rl} 7x_1 + x_2 \leq 4 & x_1 \geq 0 \\ -x_1 - x_2 \geq 2 & x_2 \text{ frei} \end{array}$$

hat die Normalform

$$\bar{z} = -x_1 + 2u_2 - 2v_2 \to \min \text{ mit } \begin{array}{rl} 7x_1 + u_2 - v_2 + s_1 = 4 & x_1 \geq 0 \\ -x_1 - u_2 + v_2 - s_2 = 2 & u_2, v_2 \geq 0 \\ & s_1, s_2 \geq 0. \end{array}$$

Wenn es gelingt, das lineare Gleichungssystem $\mathbf{Ax} = \mathbf{a}$ der Normalform zeilenweise nach je einer anderen Variablen aufzulösen, erhält man, nachdem man die erhaltenen Ausdrücke für diese Variablen – die *Basisvariablen* – in die Zielfunktion eingesetzt hat, eine sogenannte *Basisdarstellung* der linearen Optimierungsaufgabe:

$$z = \mathbf{d}^{\mathrm{T}}\mathbf{x}_N + d_0 \to \min \quad \text{mit} \quad \begin{array}{c} \mathbf{x}_B = \mathbf{B}\mathbf{x}_N + \mathbf{b} \\ \mathbf{x}_B \geq \mathbf{0},\ \mathbf{x}_N \geq \mathbf{0} \end{array} \quad \text{Basisdarstellung}$$

Dabei wurden die Basisvariablen zum Vektor $\mathbf{x}_B$ und die restlichen Variablen, die sogenannten *Nichtbasisvariablen*, zum Vektor $\mathbf{x}_N$ zusammengefaßt. Die Gleichungen einer Basisdarstellung stellen ein lineares Funktionensystem der Form (3.2) dar und lassen sich entsprechend in Tableauform angeben:

	$\mathbf{x}_N$	1
$\mathbf{x}_B =$	$\mathbf{B}$	$\mathbf{b}$
$z =$	$\mathbf{d}^{\mathrm{T}}$	d_0

(4.3)

Beispiel 4.5 Für die lineare Optimierungsaufgabe aus Beispiel 4.4 erhält man am einfachsten durch Auflösung der Gleichungen nach den Schlupfvariablen s_1, s_2 eine Basisdarstellung

	x_1	u_2	v_2	1
$s_1 =$	-7	-1	1	4
$s_2 =$	-1	-1	1	-2
$\bar{z} =$	-1	2	-2	0

4.3 Simplexverfahren

Betrachtet wird eine lineare Optimierungsaufgabe mit n Variablen in Basisdarstellung, wobei $\mathbf{B}$ eine Matrix vom Typ $(m; n-m)$ ist.

Definition 4.1 *Eine Basisdarstellung (4.3) mit* $b_i \geq 0$ *für* $i = 1, \ldots, m$ *heißt* **zulässige Basisdarstellung** *oder* **Simplextableau.**

Aus einem Simplextableau kann man unmittelbar einen speziellen zulässigen Vektor der linearen Optimierungsaufgabe ablesen, nämlich

$$\mathbf{x} = \begin{pmatrix} \mathbf{x}_B \\ \mathbf{x}_N \end{pmatrix} = \begin{pmatrix} \mathbf{b} \\ \mathbf{0} \end{pmatrix}. \tag{4.4}$$

Denn dieser Vektor erfüllt offensichtlich alle Gleichungen der Basisdarstellung und wegen $b_i \geq 0$ auch die Nichtnegativbedingungen $x_i \geq 0$. Durch Einsetzen dieses Vektors in die Zielfunktion erhält man seinen Zielfunktionswert $z = d_0$. Dieser Wert d_0 wird deshalb der zum Simplextableau gehörige Zielfunktionswert genannt. Wenn ein Simplextableau vorliegt, für welches $d_i \geq 0$ für $i = 1, \ldots, n-m$ gilt, ist der nach (4.4) gebildete Vektor sogar eine Optimallösung. Das erkennt man an der Darstellung

$$z = \mathbf{d}^{\mathrm{T}}\mathbf{x}_N + d_0 = \sum_{i=1}^{n-m} d_i x_{N_i} + d_0$$

der Zielfunktion, denn es gilt für **alle** zulässigen Vektoren $\mathbf{x}$ wegen $d_i \geq 0$ und $x_i \geq 0$ auch $\sum d_i x_{N_i} \geq 0$ und damit $z \geq d_0$. Für den Vektor $\mathbf{x}$ aus (4.4) gilt aber $z = d_0$, er ist also optimal.
Damit gilt das **Optimalitätskriterium** (*Simplexkriterium*). Aus einem Simplextableau mit der Eigenschaft $d_i \geq 0$ $(i = 1, \ldots, n-m)$ kann die Optimallösung der linearen Optimierungsaufgabe abgelesen werden:

$$\mathbf{x}_B^* = \mathbf{b}, \quad \mathbf{x}_N^* = \mathbf{0}, \quad z^* = d_0.$$

Das folgende Optimierungsverfahren, genannt *Simplexverfahren*, beruht auf einer einfachen Verfahrensidee: Ausgehend von einem beliebigen Simplextableau mit zugehörigem Zielfunktionswert d_0 werden durch Variablenaustausch nach dem Austauschverfahren (s. Abschn. 3.3) sukzessive weitere Basisdarstellungen erzeugt, die wieder Simplextableaus sind und deren zugehörige Zielfunktionswerte monoton abnehmen. Um diese Eigenschaften der erzeugten Basisdarstellungen zu sichern, ist das Pivotelement jedes Austauschschritts nach folgenden Regeln zu wählen:

(PS) Wahl der Pivotspalte x_τ : Suche in der Zielfunktionszeile $z = \cdots$ ein negatives Element $d_\tau < 0$, $\tau \neq 0$. Gibt es kein solches Element, so endet das Verfahren, weil das Optimalitätskriterium erfüllt ist.

(PZ) Wahl der Pivotzeile $x_\sigma = \cdots$: Suche unter allen negativen Elementen $b_{i\tau} < 0$ der Spalte x_τ eines, für welches der Quotient $\frac{b_i}{(-b_{i\tau})}$ am kleinsten ist. Dieses wird das Pivotelement $b_{\sigma\tau}$. Gibt es in der Spalte x_τ kein negatives Element, so ist die lineare Optimierungsaufgabe unlösbar, weil es eine Folge $\{\mathbf{x}_k\}$ zulässiger Vektoren mit $z(\mathbf{x}_k) \to -\infty$ gibt.

Die Wahl von x_τ nach Regel (PS) hat zur Folge, daß in der neuen Basisdarstellung der zugehörige Zielfunktionswert $\hat{d}_0$ nicht größer als d_0 ist, denn nach der Austauschregel A4) gilt

$$\hat{d}_0 = d_0 + d_\tau \cdot \hat{b}_\sigma \leq d_0 \tag{4.5}$$

wegen $d_\tau < 0$ und $\hat{b}_\sigma = -\frac{b_\sigma}{b_{\sigma\tau}} \geq 0$.
Die Wahl von x_σ nach Regel (PZ) bewirkt, daß die neue Basisdarstellung wieder ein Simplextableau ist, daß also $\hat{b}_i \geq 0$ für $i = 1, \dots, m$ gilt. Im Fall $i = \sigma$ folgt dies unmittelbar aus $\hat{b}_\sigma = -b_\sigma / b_{\sigma\tau}$ (nach Austauschregel A2) und $b_\sigma \geq 0$, $b_{\sigma\tau} < 0$. Im Fall $i \neq \sigma$, $b_{i\tau} \geq 0$ folgt $\hat{b}_i \geq 0$ auch leicht aus $\hat{b}_i = b_i + b_{i\tau}\hat{b}_\sigma$ (nach Austauschregel A4), weil $b_i \geq 0$ und $\hat{b}_\sigma \geq 0$ gelten. Im Fall $i \neq \sigma, b_{i\tau} < 0$ liefert die Umformung

$$\hat{b}_i = b_i + b_{i\tau}\hat{b}_\sigma = b_i - b_{i\tau}\frac{b_\sigma}{b_{\sigma\tau}} = -b_{i\tau}\left(\frac{b_\sigma}{b_{\sigma\tau}} - \frac{b_i}{b_{i\tau}}\right)$$

zusammen mit der aus der Regel (PZ) folgenden Ungleichung

$$\frac{b_\sigma}{b_{\sigma\tau}} \geq \frac{b_i}{b_{i\tau}}$$

das Ergebnis $\hat{b}_i \geq 0$.

Beispiel 4.6 Betrachtet wird die lineare Optimierungsaufgabe

$$z = 8x_1 - 3x_2 \to \max \qquad \text{mit}$$

$$\begin{aligned} 2x_1 - x_2 &\leq 4 \\ 8x_1 - x_2 &\leq 28 \\ x_2 &\leq 12 \\ x_1 \geq 0,\ x_2 &\geq 0. \end{aligned}$$

Durch Übergang zu $\bar{z} = -z$ und Einführung von Schlupfvariablen $s_1 = x_3, s_2 = x_4, s_3 = x_5$ entsteht die Normalform

$$\bar{z} = -8x_1 + 3x_2 \to \min \qquad \text{mit}$$

$$\begin{array}{lllll} 2x_1 - x_2 & +x_3 & & & = 4 \\ 8x_1 - x_2 & & +x_4 & & = 28 \\ \quad\ \ x_2 & & & +x_5 & = 12 \\ \multicolumn{5}{l}{x_i \geq 0\ (i = 1, \ldots, 5)} \end{array}$$

Die Auflösung der Gleichungen nach den Schlupfvariablen ergibt in diesem Beispiel eine Basisdarstellung, die bereits ein Simplextableau ist:

I	x_1	x_2	1	q
$x_3 =$	[-2]	1	4	2
$x_4 =$	-8	1	28	$\frac{7}{2}$
$x_5 =$	0	-1	12	
$\bar{z} =$	-8	3	0	
K	$*$	$\frac{1}{2}$	2	

PS $\to \tau = 1$
PZ $\to \sigma = 4$

Mit diesem Simplextableau startet das Simplexverfahren. Um die Pivotwahlregel PZ übersichtlich darstellen zu können, wird für die Quotienten $q_i = \frac{b_i}{(-b_{i\tau})}$ mit $b_{i\tau} < 0$ eine zusätzliche q-Spalte eingeführt. Die mit K markierte Zeile ist die zum Austauschverfahren gehörige Kellerzeile (vgl. Abschn. 3.3)

II	x_3	x_2	1	q
$x_1 =$	$-\frac{1}{2}$	$\frac{1}{2}$	2	
$x_4 =$	4	[-3]	12	4
$x_5 =$	0	-1	12	12
$\bar{z} =$	4	-1	-16	
K	$\frac{4}{3}$	$*$	4	

PS $\to \tau = 2$
PZ $\to \sigma = 5$

III	x_3	x_4	1
$x_1 =$	$\frac{1}{6}$	$-\frac{1}{6}$	4
$x_2 =$	$\frac{4}{3}$	$-\frac{1}{3}$	4
$x_5 =$	$-\frac{4}{3}$	$\frac{1}{3}$	8
$\bar{z} =$	$\frac{8}{3}$	$\frac{1}{3}$	-20

PS $\to$ Optimalitätskriterium erfüllt

Aus dem Simplextableau III kann die Optimallösung abgelesen werden:

$$x_1^* = x_2^* = 4, \quad z^* = -\bar{z}^* = 20$$

und

$$s_1^* = x_3^* = 0, \quad s_2^* = x_4^* = 0, \quad s_3^* = x_5^* = 8.$$

Satz 4.1 *Gilt in allen Schritten des Simplexverfahrens $b_\sigma > 0$, so endet das Verfahren nach endlich vielen Schritten.*

Beweis. Aus $b_\sigma > 0$ folgt $\hat{b}_\sigma > 0$ und damit aus (4.5) $\hat{d}_0 < d_0$. Die zu den erzeugten Simplextableaus gehörigen Zielfunktionswerte bilden also eine streng monoton fallende Folge. Ein bereits einmal aufgetretenes Simplextableau kann daher nicht wiederholt auftreten. Da es zu der betrachteten linearen Optimierungsaufgabe nur endlich viele Simplextableau's gibt – denn die n Variablen können nur auf endlich viele Arten in m Basisvariable und $n - m$ Nichtbasisvariable aufgeteilt werden –, muß das Verfahren zwangsläufig abbrechen.

4.4 Erzeugung eines ersten Simplextableaus

Im vorangehenden Abschnitt wurde vorausgesetzt, daß eine Basisdarstellung der linearen Optimierungsaufgabe vorliegt und daß diese die Eigenschaft $\mathbf{b} \geq \mathbf{0}$ hat, also ein Simplextableau ist. Was ist aber zu tun, wenn die gestellte Aufgabe nicht diese Besonderheiten aufweist?
In diesem Fall multipliziert man diejenigen Gleichungen des Systems $\mathbf{Ax} = \mathbf{a}$ der Normalform, für die $a_i < 0$ gilt, mit -1. Das System $\mathbf{Ax} = \mathbf{a}$ hat nun die Eigenschaft $\mathbf{a} \geq \mathbf{0}$. Danach stellt man das System um zu $\mathbf{0} = -\mathbf{Ax} + \mathbf{a}$ und ersetzt die Nullen der linken Seite durch sogenannte *künstliche Variable y_i*. Mit dem Vektor $\mathbf{y} = (y_i)$ entsteht so das System

$$\mathbf{y} = -\mathbf{Ax} + \mathbf{a}. \tag{4.6}$$

Bezüglich der Gesamtmenge aller Variablen ist (4.6) ein Simplextableau, mit $y_i (i = 1, \ldots, m)$ als Basisvariablen und $x_k (k = 1, \ldots, n)$ als Nichtbasisvariablen. Eine neue Zielfunktion $h = y_1 + \cdots + y_m$ (Hilfszielfunktion) und zusätzliche Nebenbedingungen $y_i \geq 0$ $(i = 1, \ldots, m)$ sind so gewählt, daß durch Anwendung des Simplexverfahrens auf die entstandene **Hilfsaufgabe**

$$h = y_1 + \cdots + y_m \to \min \quad \text{mit } \mathbf{y} = -\mathbf{Ax} + \mathbf{a},\ \mathbf{x} \geq \mathbf{0},\ \mathbf{y} \geq \mathbf{0}$$

die künstlichen Variablen y_i vollständig oder teilweise aus der Basis verschwinden. Ist eine künstliche Variable y_i zur Nichtbasisvariablen geworden, wird sie wieder null gesetzt, d.h., ihre Spalte wird gestrichen.

Das Simplexverfahren zur Lösung der Hilfsaufgabe endet mit einem Simplextableau (der Hilfsaufgabe) der Form

	$\mathbf{x}_N$	1
$\mathbf{x}_B =$		
$\mathbf{y}_B =$		
$z =$		
$h =$		h_0^*

Folgende Fälle sind nun zu unterscheiden:

1) $h_0^* > 0$. Dann ist die Originalaufgabe unlösbar, weil es keine zulässigen Vektoren gibt. Mit anderen Worten, die Nebenbedingungen sind widersprüchlich.

2) $h_0^* = 0$ und es gibt keine künstlichen Variablen mehr in der Basis. Nach Streichen der Hilfszielfunktionszeile $h = \ldots$ entsteht ein Simplextableau der Originalaufgabe. Ausgehend von diesem kann jetzt die Originalaufgabe mit dem Simplexverfahren gelöst werden.

3) $h_0^* = 0$ und es gibt noch künstliche Variablen y_i in der Basis. Diese können durch beliebigen Austausch $\mathbf{y}_B \leftrightarrow \mathbf{x}_N$, d.h. ohne die Pivotwahlregeln (PS) und (PZ) zu beachten, aus der Basis entfernt und ihre Spalten gestrichen werden. Ist das nicht möglich, weil die betreffende Zeile $y_i = \ldots$ nur Nullen enthält, wird sie gestrichen. Damit ist Fall 2) entstanden.

Die Lösung einer allgemeinen linearen Optimierungsaufgabe in den beiden Teilschritten

1) Erzeugung eines ersten Simplextableaus durch Anwendung des Simplexverfahrens auf die Hilfsaufgabe

2) Lösung der Originalaufgabe nach dem Simplexverfahren

wird als *Zwei-Phasen-Methode* der linearen Optimierung bezeichnet.
Der einheitlichen Darstellung wegen wurde bisher verschwiegen, daß man nur in solchen Zeilen künstliche Variable einführen wird, wo sich keine der Originalvariablen oder der Schlupfvariablen als Basisvariable für ein Simplextableau eignen. Im nachstehenden Beispiel wird in diesem Sinn vorgegangen.

Beispiel 4.7 Für die lineare Optimierungsaufgabe

$$z = x_1 - x_2 + 3 \to \min \qquad \text{mit}$$

$$\begin{aligned} 2x_1 + 2x_2 - 4x_3 &\leq 2 \\ -2x_1 - x_2 + x_3 &= -3 \\ x_3 &\geq 1 \\ x_i \geq 0 \ (i = 1,2,3) & \end{aligned}$$

ist ein Simplextableau zu ermitteln.
Die Aufgabe wird zunächst in Normalform gebracht:

$$z = x_1 - x_2 + 3 \to \min \qquad \text{mit}$$

$$\begin{array}{llllll} 2x_1 & +2x_2 & -4x_3 & +x_4 & & = 2 \\ 2x_1 & +x_2 & -x_3 & & & = 3 \\ & & x_3 & & -x_5 & = 1 \end{array}$$
$$x_i \geq 0 \ (i = 1, \ldots, 5)$$

Dabei wurde die zweite Gleichung wegen der folgenden Einführung einer künstlichen Variablen mit -1 multipliziert, um eine nichtnegative rechte Seite zu erhalten. Die Schlupfvariable x_4 wird Basisvariable, in der zweiten und dritten Zeile müssen künstliche Variable y_1, y_2 eingeführt werden. Die Hilfszielfunktion ist $h = y_1 + y_2$.

HI	x_1	x_2	x_3	x_5	1	q
$x_4 =$	$\boxed{-2}$	-2	4	0	2	1
$y_1 =$	-2	-1	1	0	3	$\frac{3}{2}$
$y_2 =$	0	0	-1	1	1	
$z =$	1	-1	0	0	3	
$h =$	-2	-1	0	1	4	
K	$*$	-1	2	0	1	

HII	x_4	x_2	x_3	x_5	1	q
$x_1 =$	$-\frac{1}{2}$	-1	2	0	1	
$y_1 =$	1	1	$\boxed{-3}$	0	1	$\frac{1}{3}$
$y_2 =$	0	0	-1	1	1	1
$z =$	$-\frac{1}{2}$	-2	2	0	4	
$h =$	1	1	-4	1	2	
K	$\frac{1}{3}$	$\frac{1}{3}$	$*$	0	$\frac{1}{3}$	

$HIII$	x_4	x_2	x_5	1	q
$x_1 =$	$\frac{1}{6}$	$-\frac{1}{3}$	0	$\frac{5}{3}$	
$x_3 =$	$\frac{1}{3}$	$\frac{1}{3}$	0	$\frac{1}{3}$	
$y_2 =$	$\boxed{-\frac{1}{3}}$	$-\frac{1}{3}$	1	$\frac{2}{3}$	2
$z =$	$\frac{1}{6}$	$-\frac{4}{3}$	0	$\frac{14}{3}$	
$h =$	$-\frac{1}{3}$	$-\frac{1}{3}$	1	$\frac{2}{3}$	
K	$*$	-1	3	2	

HIV	x_2	x_5	1
$x_1 =$	$-\frac{1}{2}$	$\frac{1}{2}$	2
$x_3 =$	0	1	1
$x_4 =$	-1	3	2
$z =$	$-\frac{3}{2}$	$\frac{1}{2}$	5
$h =$	0	0	0

Nach Streichen der Zeile $h = \ldots$ entsteht ein Simplextableau der Originalaufgabe.

5 Differential- und Integralrechnung

Die Differential- und Integralrechnung gehört für Studentinnen und Studenten zu den Themen, mit denen sie im Verlauf ihrer Ausbildung i. allg. mehrmals konfrontiert werden. Grenzwert, Stetigkeit, Ableitung, Tangente etc. sind Begriffe, die auch in anderen Fächern grundlegend gebraucht und deshalb manchmal auch dort neu erklärt werden. Aus diesem Grund werden hier Erklärungen, Beweise und Beispiele gespart, sondern nur die Definitionen und hauptsächlichen Zusammenhänge zitiert.

5.1 Grenzwerte

Definition 5.1 *Eine Folge* (x_n) *von Zahlen* $(n = 1, 2, \ldots)$ *konvergiert gegen die Zahl* x*, wenn es zu jeder noch so kleinen positiven Zahl* ε *stets einen Index* $N = N(\varepsilon)$ *der Zahlenfolge gibt, so daß* $|x_n - x| < \varepsilon$ *gilt für alle* n *mit* $n > N$*. In diesem Fall heißt* x *Grenzwert der Folge* (x_n)*, in Zeichen* $x_n \to x$ *für* $n \to \infty$ *oder*

$$\lim_{n\to\infty} x_n = x.$$

Eine Folge (x_n)*, die nicht konvergiert, heißt divergent.*

Beispiel 5.1

$$\lim_{n\to\infty} \frac{n}{n+1} = 1; \qquad \lim_{n\to\infty} \frac{1}{n} = 0; \qquad \lim_{n\to\infty} \sqrt[n]{a} = 1 \ (a > 0).$$

In diesem Sinne wäre die Folge (x_n) mit $x_n = n^2$ divergent, obwohl hier die Charakterisierung $x_n \to \infty$ naheliegt. Man läßt deshalb $-\infty$ und $+\infty$ zusätzlich als sogenannte uneigentliche Grenzwerte zu und definiert:
Eine Folge (x_n) konvergiert gegen $+\infty$ bzw. $-\infty$, wenn es zu jeder noch so großen positiven Zahl M einen Index N gibt, so daß $x_n > M$ bzw. $x_n < -M$ für alle x_n mit $n > N$ gibt.

Beispiel 5.2 Für $a > 1$ gilt $\lim\limits_{n\to\infty} a^n = \infty$.
Für eine Funktion $f|D \to \mathbf{R}, D \subset \mathbf{R}$ wird die Zahl g Grenzwert von f an der Stelle a genannt, wenn für jede gegen a konvergierende Zahlenfolge (x_n), die im Definitionsbereich D von f liegt, die zugehörige Folge $(f(x_n))$ der Funktionswerte gegen g konvergiert.
Bezeichnung: $f(x) \to g$ für $x \to a$ oder $\lim\limits_{x\to a} f(x) = g$

Ist g nur Grenzwert von $(f(x_n))$ für alle von rechts bzw. von links gegen a konvergierenden Folgen (x_n), so heißt g rechts- bzw. linksseitiger Grenzwert von f an der Stelle a.

Bezeichnung: $\lim\limits_{x \to a+} f(x) = g$ bzw. $\lim\limits_{x \to a-} f(x) = g$.

Rechenregeln für Grenzwerte

Existieren beide Grenzwerte $\lim\limits_{x \to a} u(x) = g$ und $\lim\limits_{x \to a} v(x) = h$, so gilt

$$\lim_{x \to a}(u(x) \pm v(x)) = g \pm h \qquad \lim_{x \to a}(u(x)v(x)) = gh$$

$$\lim_{x \to a} \frac{u(x)}{v(x)} = \frac{g}{h} \quad \text{falls } v(x) \neq 0 \text{ und } h \neq 0$$

L'Hôpitalsche Regel für $\frac{0}{0}$ und $\frac{\infty}{\infty}$ (auch: L'Hospital)

In einer Umgebung der Stelle a seien die Funktionen f und g differenzierbar und $g'(x) \neq 0$. Ferner sei $f(a) = g(a) = 0$ oder $\lim\limits_{x \to a} f(x) = \lim\limits_{x \to a} g(x) = \infty$. Dann folgt aus $\lim\limits_{x \to a} \frac{f'(x)}{g'(x)} = A$ auch $\lim\limits_{x \to a} \frac{f(x)}{g(x)} = A$.

Diese Regel gilt sinngemäß auch für $x \to \infty$ und für $x \to a+$ oder $x \to a-$.

Wichtige Grenzwerte

$$\lim_{x \to \infty} (1 + \frac{a}{x})^x = \mathrm{e}^a; \quad \lim_{x \to \infty} \frac{x^n}{\mathrm{e}^{ax}} = 0 \text{ für } a > 0, n \in \mathbb{N}; \quad \lim_{x \to 0} \frac{\sin x}{x} = 1$$

5.2 Stetigkeit

Definition 5.2 *Eine Funktion $f|D \to \mathbf{R}$ heißt stetig an der Stelle $x_0 \in D$, wenn f an der Stelle x_0 einen Grenzwert hat und wenn für diesen gilt:*

$$\lim_{x \to x_0} f(x) = f(x_0).$$

Beispiel 5.3 Die Funktionen $x^n (n \in \mathbb{N}), e^x, \sin x, \cos x, \sinh x, \cosh x$ sind für alle $x \in \mathbb{R}$ stetig. Die Funktion $x^{-n} (n \in \mathbb{N})$ ist für $x = 0$ unstetig und für alle anderen x stetig. Die Funktion $\ln x$ ist für alle $x > 0$ stetig.

Arten von Unstetigkeitsstellen

Polstelle :	Eine Zahl x_0, für welche die Grenzwerte $\lim\limits_{x \to x_0+} f(x)$ und $\lim\limits_{x \to x_0-} f(x)$ beide existieren, aber uneigentlich sind.
Lücke:	Eine Zahl $x_0 \notin D$, für die $\lim\limits_{x \to x_0} f(x)$ existiert. **Beispiel:** $f(x) = \frac{\sin x}{x}, \quad x_0 = 0$
hebbare Unstetigkeit:	Eine Zahl x_0, für die $\lim\limits_{x \to x_0} f(x)$ existiert und entweder $x_0 \notin D$ (s. Lücke) oder $\lim\limits_{x \to x_0} f(x) \neq f(x_0)$ gilt. **Beispiel:** $f(x) = \lvert \mathrm{sgn} x \rvert, \; x_0 = 0$

Eigenschaften stetiger Funktionen

- Eine auf einem abgeschlossenen Intervall $[a, b]$ stetige Funktion f hat auf diesem Intervall eine Maximumstelle, d.h., es existieren eine Stelle $x_{\max} \in [a, b]$ mit der Eigenschaft $f(x_{\max}) \geq f(x)$ für alle $x \in [a, b]$ und eine Minimumstelle (die Maximumstelle der Funktion $-f$).

- Eine auf einem abgeschlossenen Intervall $[a, b]$ stetige Funktion f nimmt jeden Wert zwischen $f(a)$ und $f(b)$ mindestens einmal als Funktionswert an.

5.3 Differentialrechnung für Funktionen einer Variablen

Differentiation

Differenzenquotient

$$\frac{\Delta y}{\Delta x} = \frac{f(x + \Delta x) - f(x)}{\Delta x} = \tan \beta$$

Differentialquotient

$$\frac{\mathrm{d}y}{\mathrm{d}x} = \lim_{\Delta x \to 0} \frac{f(x + \Delta x) - f(x)}{\Delta x} = \tan \alpha$$

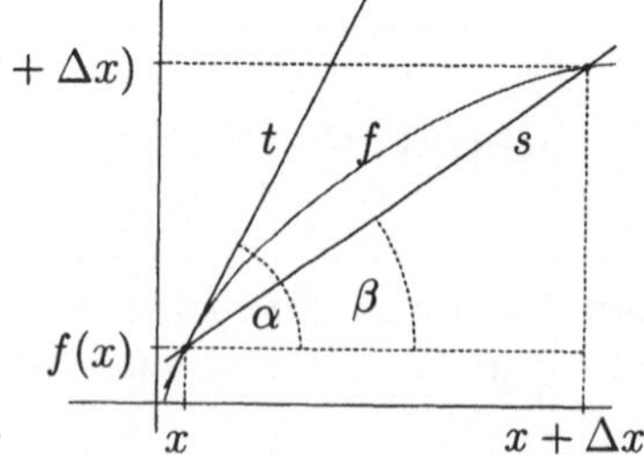

Bild 18: Sekante und Tangente

Eine Funktion f heißt an der Stelle x differenzierbar, wenn der voranstehende Grenzwert $\frac{dy}{dx}$ existiert. Der Grenzwert selbst wird Differentialquotient oder Ableitung genannt und mit $\frac{dy}{dx}, \frac{df}{dx}, y'(x)$ oder $f'(x)$ bezeichnet. Durch die Bezeichnungen $y'(x)$ und $f'(x)$ wird betont, daß der Differentialquotient von der Stelle x abhängt, also selbst wieder eine Funktion darstellt. Der Differenzenquotient ist der Anstieg der Sekante s (genauer: der Tangens des Winkels zwischen x-Achse und Sekante) zwischen den Punkten $(x, f(x))$ und $(x+\triangle x, f(x+\triangle x))$ des Graphs von f. Der Differentialquotient ist der Anstieg der Tangente im Punkt x des Graphs von f.
Ist die Funktion f' wieder differenzierbar, wird ihre Ableitung $(f')'$ zweite Ableitung f'' und die Funktion f zweimal differenzierbar genannt. Durch Fortsetzung dieses Verfahrens – falls möglich – entstehen 3., 4., ... , n-te Ableitungen. Die n-te Ableitung wird i.allg. mit $f^{(n)}$ bezeichnet.

Beispiel 5.4 $\frac{d}{dx}x^n = nx^{n-1}$, $\frac{d}{dx}\sin x = \cos x$, $\frac{d}{dx}\arctan x = \frac{1}{1+x^2}$

Differentiationsregeln

Faktorregel	$(\lambda f)' = \lambda f'$ $(\lambda \in \mathbb{R}$, konstant)
Summenregel	$(f+g)' = f' + g'$
Produktregel	$(f \cdot g)' = f' \cdot g + f \cdot g'$
Quotientenregel	$\left(\frac{f}{g}\right)' = \frac{f' \cdot g - f \cdot g'}{g^2}$
Kettenregel	Es sei $y = f_a(z)$ mit $z = f_i(x)$ ($f_a \ldots$ äußere Funktion, $f_i \ldots$ innere Funktion) $\frac{dy}{dx} = \frac{dy}{dz} \cdot \frac{dz}{dx}$ $y'(x) = f_a(f_i(x))' = \frac{df_a(f_i)}{df_i} \cdot \frac{df_i(x)}{dx}$
Ableitung mittels Umkehrfunktion	Es sei $x = f^{-1}(y)$ die Umkehrung von $y = f(x)$. Dann gilt $\frac{dy}{dx} = \frac{1}{\frac{dx}{dy}}$ oder: $f'(x) = \frac{1}{(f^{-1})'(f(x))}$
Logarithmische Differentiation	$f'(x) = (\ln f(x))' \cdot f(x)$
Differentiation implizit definierter Funktionen	Es sei $y = f(x)$ in der impliziten Form $F(x,y) = 0$ gegeben. Dann gilt $f'(x) = -\frac{F_x(x,y)}{F_y(x,y)}$

Differential, Fehlerrechnung

Ist f eine an der Stelle x differenzierbare Funktion, so gilt

$$\triangle y := f(x+\triangle x) - f(x) = f'(x) \cdot \triangle x + o(\triangle x), \tag{5.1}$$

wobei o eine Funktion mit der Eigenschaft

$$\lim_{t\to 0}\frac{o(t)}{t}=0$$

ist. Diese Eigenschaft bewirkt, daß für kleine Werte von $\triangle x$ auch $o(\triangle x)$ klein ist, daß folglich

$$\triangle y \approx f'(x)\cdot\triangle x \tag{5.2}$$

gilt. Der Ausdruck $f'(x)\cdot\triangle x$ wird **Differential** der Funktion f an der Stelle x genannt.

Beispiel 5.5 (Fehlerschätzung) Mit einem Meßgerät, das die Toleranzangabe $\pm 0,1$ mm aufweist, wird der Durchmesser d einer Kugel mit 10,34 cm gemessen. Welche Toleranz resultiert daraus für das Volumen der Kugel?

Für die vermessene Kugel ergibt sich

$$V(d)=\frac{\pi}{6}d^3=578,8\ \mathrm{cm}^3 \qquad V'(d)=\frac{\pi}{2}d^2=167,9\ \mathrm{cm}^2$$

und damit gemäß (5.2)

$$|\triangle V|\approx|V'|\cdot|\triangle d|\le 167,9\cdot 0,01\ \mathrm{cm}^3\le 1,7\ \mathrm{cm}^3.$$

Ergebnis: $V=578,8\pm 1,7\ \mathrm{cm}^3$

Satz von TAYLOR (Taylorentwicklung)

Die Funktion f sei in einem offenen Intervall (a,b), das die Stellen x_0 (die Entwicklungsstelle) und x enthält, $(n+1)$-mal differenzierbar. Dann gibt es eine zwischen x_0 und x gelegene Stelle ξ, so daß gilt

Taylorformel: $$f(x)=p_n(x)+R_n(x) \tag{5.3}$$
Taylorpolynom: $$p_n(x)=f(x_0)+\frac{f'(x_0)}{1!}(x-x_0)+\ldots+\frac{f^{(n)}(x_0)}{n!}(x-x_0)^n \tag{5.4}$$
Restglied: $$R_n(x)=\frac{f^{(n+1)}(\xi)}{(n+1)!}(x-x_0)^{n+1}. \tag{5.5}$$

Beispiel 5.6 Für $f(x)=\sin x$ mit der Entwicklungsstelle $x_0=0$ gilt

$$\sin x = x-\frac{x^3}{3!}+\frac{x^5}{5!}-+\cdots+(-1)^{n-1}\frac{x^{2n-1}}{(2n-1)!}+(-1)^n\frac{\cos\xi}{(2n+1)!}x^{2n+1} \quad (0\ldots\xi\ldots x)$$

Anwendungen der Differentialrechnung

Monotonieverhalten. Eine im Intervall (a,b) differenzierbare Funktion f ist genau dann monoton wachsend auf (a,b), d.h., für $u\le v$ gilt stets $f(u)\le f(v)$, wenn $f'(x) \geq 0$ für alle $x \in (a, b)$ gilt. Im Fall $f'(x) > 0$ für alle $x \in (a, b)$ ist f sogar streng monoton wachsend, d.h., für $u < v$ gilt stets $f(u) < f(v)$. Entsprechende Aussagen für monoton fallende Funktionen f erhält man durch Anwendung dieser Aussagen auf die Funktion $\bar{f} = -f$.

Tangente. Es sei f eine an der Stelle x_0 differenzierbare Funktion. Dann hat der Graph $(x, f(x))$ im Kurvenpunkt $(x_0, f(x_0))$ eine Tangente (die Grenzlage der Sekanten durch die Punkte $(x_0, f(x_0))$ und $(x_1, f(x_1))$ für $x_1 \to x_0$) mit der Gleichung

$$y = f(x_0) + f'(x_0)(x - x_0). \tag{5.6}$$

Notwendige Bedingung für lokale Extremwerte. Hat die Funktion f an der Stelle x_0 einen lokalen Extremwert und ist f an der Stelle x_0 differenzierbar, so gilt

$$f'(x_0) = 0.$$

Punkte x_0 mit der Eigenschaft $f'(x_0) = 0$ werden stationäre Punkte von f genannt.

Hinreichende Bedingung für lokale Extremwerte. Ist die Funktion f in einem Intervall (a, b), das den stationären Punkt x_0 enthält, zweimal stetig differenzierbar, so hat f an der Stelle x_0 ein relatives Extremum, wenn $f''(x_0) \neq 0$ gilt. Für $f''(x_0) < 0$ ist $f(x_0)$ ein relatives Maximum, für $f''(x_0) > 0$ ein relatives Minimum.

Wendepunkte. Die Wendepunkte einer Funktion f sind die relativen Extremstellen von f'.

5.4 Integralrechnung für Funktionen einer Variablen

Unbestimmtes Integral

Definition 5.3 *Zu einer gegebenen Funktion $f|(a, b) \to \mathbf{R}$ wird jede Funktion $F|(a, b) \to \mathbf{R}$ mit der Eigenschaft $F'(x) = f(x)$ für alle $x \in (a, b)$ als Stammfunktion von f bezeichnet. Ist F eine Stammfunktion von f, so ist $\{F + C | C \in \mathbf{R}\}$ die Menge aller Stammfunktionen und wird unbestimmtes Integral von f genannt. Man schreibt dafür*

$$\int f(x)\mathrm{d}x = F(x) + C \tag{5.7}$$

und nennt C die Integrationskonstante.

Integrationsregeln

Faktorregel	$\int \lambda f(x)\mathrm{d}x = \lambda \int f(x)\mathrm{d}x \quad \lambda \in \mathbf{R}$
Summenregel	$\int (f(x)+g(x))\mathrm{d}x = \int f(x)\mathrm{d}x + \int g(x)\mathrm{d}x$
partielle Integration	$\int u(x)v'(x)\mathrm{d}x = u(x)v(x) - \int u'(x)v(x)\mathrm{d}x$
Substitution	$\int f(g(x))g'(x)\mathrm{d}x = \int f(z)\mathrm{d}z$ mit $z = g(x)$

Beispiel 5.7 (partielle Integration)

$$\int x \sin x \,\mathrm{d}x = \int u(x)v'(x)\mathrm{d}x \text{ mit } u(x) = x,\ v(x) = -\cos x$$

$$\int x \sin x \,\mathrm{d}x = -x\cos x + \int \cos x \,\mathrm{d}x = -x\cos x + \sin x + C$$

Bestimmtes Integral

Die Fläche A zwischen dem Intervall $[a,b]$ der x-Achse und dem Graph der beschränkten nichtnegativen Funktion f kann näherungsweise durch die Summe $\sum\limits_{i=1}^{n} f(\xi_i^{(n)})\triangle x_i^{(n)}$ der Flächen rechteckiger Streifen der Breite $\triangle x_i^{(n)}$ gebildet werden, wobei $\triangle x_i^{(n)} = x_i^{(n)} - x_{i-1}^{(n)}$, $\sum\limits_{i=1}^{n} \triangle x_i^{(n)} = b - a$ und $\xi_i^{(n)} \in [x_{i-1}^{(n)}, x_i^{(n)}]$ gelten soll. Durch Grenzübergang für $n \to \infty$ und $\operatorname*{Max}\limits_{1\le i\le n} \triangle x_i^{(n)} \to 0$ entsteht unter gewissen Voraussetzungen das bestimmte (Riemannsche) Integral der Funktion f über dem Intervall $[a,b]$, das gleich der Fläche A ist: $\int_a^b f(x)\mathrm{d}x = A$. Die Berechnung des bestimmten Integrals einer stetigen Funktion f erfolgt i.allg. nicht durch diesen Grenzübergang, sondern mit Hilfe einer Stammfunktion F von f :

$$\int_a^b f(x)\mathrm{d}x = F(b) - F(a) \qquad \text{Bezeichnung: } F(b) - F(a) = [F(x)]_a^b. \tag{5.8}$$

Zu den Integrationsregeln für unbestimmte Integrale, die sinngemäß auch für bestimmte Integrale gelten, kommen als wichtigste die folgenden Regeln hinzu:

1. $\int\limits_a^b f(x)\mathrm{d}x = -\int\limits_b^a f(x)\mathrm{d}x$ 2. $\int\limits_a^b f(x)\mathrm{d}x = \int\limits_a^c f(x)\mathrm{d}x + \int\limits_c^b f(x)\mathrm{d}x$
3. Die zur Substitution verwendeten Funktionen müssen monoton sein.

Beispiel 5.8 Für die Fläche A des Halbkreises über dem Intervall $[-5,5]$ erhält man mit der Substitution $x = 5\sin\varphi, \mathrm{d}x = 5\cos\varphi \mathrm{d}\varphi$

$$\begin{aligned} A &= \int_{-5}^{5} \sqrt{25-x^2}\mathrm{d}x = \int_{-\pi/2}^{\pi/2} 25\cos^2\varphi \mathrm{d}\varphi = \frac{25}{2}\int_{-\pi/2}^{\pi/2}(1+\cos 2\varphi)\mathrm{d}\varphi \\ &= \frac{25}{2}[\varphi + \frac{1}{2}\sin 2\varphi]_{-\pi/2}^{\pi/2} = \frac{25}{2}(\frac{\pi}{2} + \frac{1}{2}\sin\pi - (-\frac{\pi}{2} + \frac{1}{2}\sin(-\pi))) = \frac{25}{2}\pi. \end{aligned}$$

Erster Mittelwertsatz der Integralrechung. Ist f eine auf $[a, b]$ stetige Funktion, so gibt es mindestens eine Stelle $\xi \in [a, b]$ mit der Eigenschaft

$$\int_a^b f(x)\mathrm{d}x = (b-a)f(\xi). \tag{5.9}$$

Differentiation nach der oberen Grenze. Ist f eine auf $[a, b]$ stetige Funktion, so ist $\int_a^x f(t)\mathrm{d}t$ für $x \in (a, b)$ eine in x stetige und differenzierbare Funktion, für die gilt

$$F(x) = \int_a^x f(t)\mathrm{d}t \quad \Rightarrow \quad F'(x) = f(x). \tag{5.10}$$

Parameterintegral. Ist $f(x, t)$ nach t partiell differenzierbar und die partielle Ableitung $\partial_t f$ bezüglich x stetig, so ist $\int_a^b f(x, t)\mathrm{d}x$ eine nach t differenzierbare Funktion, für die gilt

$$F(t) = \int_a^b f(x,t)\mathrm{d}x \quad \Rightarrow \quad F'(t) = \int_a^b \partial_t f(x,t)\mathrm{d}x. \tag{5.11}$$

Linienintegral 1. Art

Analog der Definition des bestimmten Integrals (auf S. 96) einer Funktion f über einem Intervall $[a, b]$ durch beliebig feine Zerlegungen des Intervalls gelangt man durch Betrachtung beliebig feiner Zerlegungen einer Kurve zum Begriff des *Kurvenintegrals oder Linienintegrals 1. Art* einer Funktion $f = f(x, y, z)$ über eine Kurve K :

$$I = \int_K f ds$$

Linienelemente ds

kartesische x, y-Koordinaten	ebene Kurve $y = y(x)$	$\mathrm{d}s = \sqrt{1 + (y'(x))^2}\mathrm{d}x$
	ebene Kurve $x = x(t),\ y = y(t)$	$\mathrm{d}s = \sqrt{\dot{x}^2(t) + \dot{y}^2(t)}\mathrm{d}t$
	Raumkurve $x = x(t),\ y = y(t),\ z = z(t)$	$\mathrm{d}s = \sqrt{\dot{x}^2(t) + \dot{y}^2(t) + \dot{z}^2(t)}\mathrm{d}t$
Polarkoordinaten	ebene Kurve $r = r(\varphi)$	$\mathrm{d}s = \sqrt{r^2(\varphi) + (r'(\varphi))^2}\mathrm{d}\varphi$

Anwendungen der Integralrechnung

Kurven (ϱ ist die Linien-Massendichte)

Bogenlänge	$L = \int_K \mathrm{d}s$		
Masse	$M = \int_K \varrho \mathrm{d}s$		
Schwerpunkt	$x_s = \frac{1}{M} \int_K x\varrho \mathrm{d}s$	$y_s = \frac{1}{M} \int_K y\varrho \mathrm{d}s$	$z_s = \frac{1}{M} \int_K z\varrho \mathrm{d}s$
Trägheits-momente	$I_x = \int_K (y^2 + z^2)\varrho \mathrm{d}s$	$I_y = \int_K (x^2 + z^2)\varrho \mathrm{d}s$	$I_z = \int_K (x^2 + y^2)\varrho \mathrm{d}s$

Flächeninhalte

Fläche zwischen x-Achse und Kurve $y(x) \geq 0$	$A = \int_a^b y(x)\mathrm{d}x$
Sektorfläche zwischen Nullpunkt und links der Kurve $x = x(t), y = y(t)$	$A = \frac{1}{2} \int_\alpha^\beta (x\dot{y} - y\dot{x})\mathrm{d}x$
Rotationsfläche, um x-Achse rotierend	$A = 2\pi \int_K y\mathrm{d}s$

Volumen eines Rotationskörpers

Fläche zwischen x-Achse und Kurve $y(x) \geq 0$, um x-Achse rotierend	$V = \pi \int_a^b y^2(x)\mathrm{d}x$

5.5 Differentialrechnung für Funktionen mehrerer Variablen

Partielle Ableitungen

Es wird eine Funktion $y = f(P) = f(x_1, x_2, \ldots, x_n)$, also eine Funktion mit n Variablen betrachtet. Aus dieser Funktion wird eine Funktion nur einer Variablen $x_i = x$, wenn man die anderen Variablen $x_1, \ldots, x_{i-1}, x_{i+1}, \ldots, x_n$ nicht verändert, also konstant hält: $y(x) = f(x_1, \ldots, x_{i-1}, x, x_{i+1}, \ldots, x_n)$. Die Ableitung $y'(x)$ dieser Funktion bezeichnet man – falls sie existiert – als partielle Ableitung

$$\frac{\partial f}{\partial x_i} \text{ (andere Bezeichnungen: } f_{x_i} \text{ oder } \partial_{x_i} f \text{ oder } \partial_i f).$$

Beispiel 5.9 Für die Funktion $f(x_1, x_2) = x_1^3 \cdot \sin(x_1 + x_2^2)$ erhält man

$$\partial_1 f = 3x_1^2 \sin(x_1 + x_2^2) + x_1^3 \cos(x_1 + x_2^2), \qquad \partial_2 f = 2x_1^3 x_2 \cos(x_1 + x_2^2).$$

Da die partiellen Ableitungen selbst wieder Funktionen der Variablen $x_1, \ldots, x_n$ sind, besitzen sie gegebenenfalls wieder partielle Ableitungen: $\partial_{ik} f = \partial_k(\partial_i f)$ usw.

Satz 5.1 *(Satz von H. A. Schwarz.) Unter gewissen Voraussetzungen an die Stetigkeit der Funktion f und die Existenz und Stetigkeit ihrer partiellen Ableitungen $\partial_i f, \partial_k f$ und $\partial_{ik} f$ (die Stetigkeit solcher Funktionen wurde hier nicht erklärt) existiert auch die partielle Ableitung $\partial_{ki} f$ und es gilt (o. B.)*

$$\partial_{ik} f = \partial_{ki} f.$$

Ähnlich wie die partielle Ableitung kann auch die Richtungsableitung mit Hilfe der gewöhnlichen Ableitung erklärt werden. Wenn $y = f(P)$ eine Funktion von n Veränderlichen, $\mathbf{p}_0 \in \mathbf{R}^n$ der Ortsvektor eines Punktes P_0 und $\mathbf{a} \in \mathbf{R}^n$, $|\mathbf{a}| = 1$, ein weiterer Vektor – der sogenannte Richtungsvektor – ist, setzt man in $f(P)$ für P den Ortsvektor $\mathbf{p}$ der Geraden $\mathbf{p} = \mathbf{p}_0 + \lambda \mathbf{a}$ ein. Die Werte $f(P)$ hängen dann nur von λ ab, $f(\mathbf{p}_0 + \lambda \mathbf{a}) =: \varphi(\lambda)$ ist eine Funktion von einer Veränderlichen. Ihre Ableitung an der Stelle $\lambda = 0$, also $\varphi'(0)$, wird, wenn sie existiert, als Richtungsableitung $\frac{\partial f}{\partial \mathbf{a}}$ von f im Punkt P_0 in Richtung $\mathbf{a}$ bezeichnet. Es gilt

$$\frac{\partial f}{\partial \mathbf{a}}(P_0) = \mathbf{a} \cdot \operatorname{grad} f(P_0). \tag{5.12}$$

Kettenregel. Für verkettete Funktionen der Form

$$f(u, v) \text{ mit } u = u(x, y),\ v = v(x, y)$$

erhält man unter der Voraussetzung, daß f, u, v stetige partielle Ableitungen besitzen, daß auch die Funktion $f(u(x, y), v(x, y))$, als Funktion von x und y aufgefaßt, stetige partielle Ableitungen nach x und y besitzt, für die gilt

$$\frac{\partial f}{\partial x} = \frac{\partial f}{\partial u} \cdot \frac{\partial u}{\partial x} + \frac{\partial f}{\partial v} \cdot \frac{\partial v}{\partial x}, \quad \frac{\partial f}{\partial y} = \frac{\partial f}{\partial u} \cdot \frac{\partial u}{\partial y} + \frac{\partial f}{\partial v} \cdot \frac{\partial v}{\partial y}.$$

Fläche, Höhenlinien, Tangentialebene

Wir betrachten jetzt den Fall $n = 2$, also Funktionen $z = f(x, y)$. Dem Leser wird also jetzt zugemutet, statt mit x_1, x_2, y wie bisher jetzt mit x, y, z umzugehen. Für die Punkte $P(x, y)$ ihres Definitionsbereiches D der x, y-Ebene stellt diese Funktion im x, y, z-Koordinatensystem eine Fläche dar oder genauer: die Punkte $(x, y, f(x, y))$ bilden im x, y, z-Koordinatensystem i.allg. eine Fläche. Ist c eine Konstante aus dem Wertebereich der Funktion f, so bezeichnet man als *Höhenlinie* (oder *Niveaulinie*) zur Höhe c die Gesamtheit aller Flächenpunkte mit $z = c$. Die Koordinaten dieser Punkte $P(x, y, z)$ genügen also der Gleichung

$$c = f(x, y).$$

Das ist die Gleichung einer Kurve in der x, y-Ebene, die Projektion der Höhenlinie in den Definitionsbereich D. Oft wird diese Kurve selbst als Höhenlinie bezeichnet, entsprechend der bei Landkarten üblichen Sprechweise.

Beispiel 5.10 Die Funktion $z = \sqrt{4 - x^2 - y^2}$ stellt eine Halbkugel mit Radius $R = 2$ dar, die über der Kreisscheibe $x^2 + y^2 \leq 4$ der x, y-Ebene liegt. Die Höhenlinien dieser Fläche zur Höhe c sind durch $c = \sqrt{4 - x^2 - y^2}$ definiert, also die Kreise (x, y, c) mit

$$x^2 + y^2 = 4 - c^2 \text{ für } 0 \leq c \leq 2.$$

Trägt man in einem Punkt $P_0(x, y)$ der Projektion der Höhenlinie den Gradienten $\mathrm{grad} f(P_0)$ an, so steht dieser senkrecht zur Höhenlinie und zeigt in die Richtung des stärksten Anstiegs der Fläche $z = f(x, y)$ im Punkt P_0. Für den Anstieg der Fläche in Gradientenrichtung erhält man mit $\mathbf{a} = \frac{\mathrm{grad} f}{|\mathrm{grad} f|}$

$$\tan \alpha = \frac{\partial f}{\partial \mathbf{a}} = \frac{\mathrm{grad} f \cdot \mathrm{grad} f}{|\mathrm{grad} f|} = \frac{|\mathrm{grad} f|^2}{|\mathrm{grad} f|} = |\mathrm{grad} f|. \tag{5.13}$$

Tangentialebene. Ist die Funktion $z = f(x, y)$ im Punkt (x_0, y_0) stetig partiell differenzierbar, so ist

$$z = f(x_0, y_0) + \partial_x f(x_0, y_0)(x - x_0) + \partial_y f(x_0, y_0)(y - y_0) \tag{5.14}$$

die Gleichung der Tangentialebene der Fläche $z = f(x, y)$ im Flächenpunkt $P(x_0, y_0, f(x_0, y_0))$.

Extremwerte ohne Nebenbedingungen

Gegeben sei eine hinreichend oft stetig partiell differenzierbare Funktion f von n Veränderlichen $\mathbf{x} = (x_1, \ldots, x_n)$. Gesucht sind die lokalen Extremstellen von f, also die Stellen $\mathbf{x}^0$, für die eine Umgebung $U(\mathbf{x}^0)$ (z.B. eine kleine Kugel mit Mittelpunkt $P(\mathbf{x}^0)$) existiert, so daß gilt

$$f(\mathbf{x}^0) \leq f(\mathbf{x}) \text{ für alle } \mathbf{x} \in U(\mathbf{x}^0) \text{ (Minimum) oder}$$

$$f(\mathbf{x}^0) \geq f(\mathbf{x}) \text{ für alle } \mathbf{x} \in U(\mathbf{x}^0) \text{ (Maximum).}$$

Notwendige Bedingung

$$\boxed{\mathbf{x}^0 \text{ lokale Extremstelle von } f \Longrightarrow \mathrm{grad}\, f(\mathbf{x}^0) = \mathbf{0}}$$

Punkte $P(\mathbf{x}^0)$, die diese Bedingung erfüllen, heißen *stationäre Punkte* von f. Solche Punkte können auch Sattelpunkte sein, das sind stationäre Punkte $P(\mathbf{x}^0)$, für die es in jeder Umgebung Punkte $\mathbf{x}$ und $\mathbf{y}$ mit $f(\mathbf{x}) < f(\mathbf{x}^0) < f(\mathbf{y})$ gibt.

Zur Formulierung von hinreichenden Bedingungen für lokale Extremwerte werden die symmetrische Matrix der zweiten partiellen Ableitungen von f – genannt Hessematrix –

$$\mathbf{H}(\mathbf{x}) = \begin{pmatrix} \partial_{11} f(\mathbf{x}) & \dots & \partial_{1n} f(\mathbf{x}) \\ \vdots & & \vdots \\ \partial_{1n} f(\mathbf{x}) & \dots & \partial_{nn} f(\mathbf{x}) \end{pmatrix} \tag{5.15}$$

und die in Abschnitt 3.5 eingeführten Matrizeneigenschaften positiv definit und negativ definit benötigt.

Hinreichende Bedingungen

$$\begin{array}{lll} \operatorname{grad} f(\mathbf{x}^0) = \mathbf{0} \text{ und } \mathbf{H}(\mathbf{x}^0) \text{ positiv definit} & \Longrightarrow & \mathbf{x}^0 \text{ lokale Minimumstelle} \\ \operatorname{grad} f(\mathbf{x}^0) = \mathbf{0} \text{ und } \mathbf{H}(\mathbf{x}^0) \text{ negativ definit} & \Longrightarrow & \mathbf{x}^0 \text{ lokale Maximumstelle} \end{array}$$

Beispiel 5.11 Um die lokalen Extremstellen der Funktion

$$f(x, y) = 15 + 4x + 2y - 2x^2 + 4xy - 5y^2$$

zu berechnen, setzt man die partiellen Ableitungen null:

$$\begin{aligned} \partial_x f &= 4 - 4x + 4y = 0 \\ \partial_y f &= 2 + 4x - 10y = 0 \end{aligned}$$

und bestimmt die Lösungen dieses Gleichungssystems. In diesem Fall hat es nur die eine Lösung $P(2, 1)$. Die Hessematrix in diesem Punkt ist

$$\mathbf{H}(2, 1) = \begin{pmatrix} -4 & 4 \\ 4 & -10 \end{pmatrix}.$$

Da ihre Hauptabschnittsdeterminanten

$$\det(-4) = -4, \quad \det \begin{pmatrix} -4 & 4 \\ 4 & -10 \end{pmatrix} = 24$$

nicht beide positiv sind, ist $\mathbf{H}$ nicht positiv definit. Aber die Matrix $-\mathbf{H}$ besitzt die positiven Hauptabschnittsdeterminanten 4 und 24, ist also positiv definit und deshalb die Matrix $\mathbf{H}$ selbst negativ definit (vgl. Abschn. 3.5).

Ergebnis: Der Punkt $P(2, 1)$ ist lokale Maximumstelle der Funktion f.

Extremwerte mit Nebenbedingungen

Als Erweiterung der vorhergehenden Aufgabenstellung der Extremwertberechnung einer Funktion f sind jetzt zusätzliche Bedingungen in Form von Gleichungen

$$g_i(\mathbf{x}) = 0 \quad (i = 1, \dots, m) \tag{5.16}$$

für die lokalen Extremstellen gegeben.

Eliminationsmethode. Wenn man die Gleichungen (5.16) nach m Variablen x_i auflöst und diese in die Funktion f einsetzt, erhält man eine Extremwertaufgabe ohne Nebenbedingungen mit nur noch $n - m$ Variablen. Der Erfolg dieser Eliminationsmethode hängt aber wesentlich von der rechnerischen Auflösbarkeit der Bedingungsgleichungen (5.16) ab. Eine andere Möglichkeit ist die

Lagrange-Methode. Es wird zuerst die Funktion

$$L(\mathbf{x}, \boldsymbol{\lambda}) = f(\mathbf{x}) + \lambda_1 g_1(\mathbf{x}) + \cdots + \lambda_m g_m(\mathbf{x}) \qquad \text{Lagrangefunktion}$$

gebildet. Ist $\mathbf{x}^0$ eine lokale Extremstelle von f unter den Bedingungen (5.16), sind die Funktionen f und $g_i (i = 1, \dots, m)$ stetig partiell differenzierbar und gilt für die Funktionalmatrix

$$\mathbf{G}'(\mathbf{x}) = \begin{pmatrix} \partial_1 g_1(\mathbf{x}) & \dots & \partial_n g_1(\mathbf{x}) \\ \vdots & & \vdots \\ \partial_1 g_m(\mathbf{x}) & \dots & \partial_n g_m(\mathbf{x}) \end{pmatrix} \tag{5.17}$$

des Funktionensystems (5.16) die Voraussetzung Rang $(\mathbf{G}'(\mathbf{x}^0)) = m$, so stellt

$$\begin{aligned} \operatorname{grad} f(\mathbf{x}^0) + \sum_{i=1}^{m} \lambda_i \operatorname{grad} g_i(\mathbf{x}^0) &= \mathbf{0} \\ g_i(\mathbf{x}^0) &= 0 \quad (i = 1, \dots, m) \end{aligned}$$

eine notwendige Bedingung für $\mathbf{x}^0$ dar. Das sind $n+m$ Gleichungen für die $n+m$ Komponenten von $\mathbf{x}^0$ und $\boldsymbol{\lambda}$.

5.6 Integralrechnung für Funktionen mehrerer Variablen

5.6.1 Doppelintegrale

In Analogie zur Definition des bestimmten Integrals einer Funktion einer Variablen über ein Intervall $[a,b]$ erklärt man auch das Integral

$$\iint_B f\mathrm{d}b \tag{5.18}$$

einer Funktion $z = f(x,y)$ von zwei Variablen x, y über einen Bereich B der x,y-Ebene als Grenzwert von Summen der Form $\sum_n f(x_n, y_n)\triangle B_n$, wobei als wichtigste Voraussetzungen $B = \cup_n \triangle B_n$, $\triangle B_n \cap \triangle B_m = \emptyset$ für $n \neq m$ und $P(x_n, y_n) \in \triangle B_n$ verwendet werden. Aus der Definition des Doppelintegrals gehen als Grundeigenschaften hervor:

$$\iint_B \lambda f\mathrm{d}b = \lambda \iint_B f\mathrm{d}b \ (\lambda \in \mathbb{R}), \qquad \iint_B (f+g)\mathrm{d}b = \iint_B f\mathrm{d}b + \iint_B g\mathrm{d}b,$$

$$\iint_{B_1 \cup B_2} f\mathrm{d}b = \iint_{B_1} f\mathrm{d}b + \iint_{B_2} f\mathrm{d}b \quad \text{falls } B_1 \cap B_2 = \emptyset.$$

Da $f(x_n, y_n)\triangle B_n$ als die Volumina schmaler Säulen, die den Raum zwischen der x,y-Ebene und der Fläche $z = f(x,y)$ ausfüllen, gedeutet werden können, ergibt sich unmittelbar, daß das Doppelintegral (5.18) das vorzeichenbehaftete Volumen des Körpers ist, der zwischen dem Bereich B der x,y-Ebene und der Fläche $z = f(x,y)$ liegt.

Die Berechnung eines Doppelintegrals erfolgt durch sogenannte iterierte Integration, d.h., es werden *nacheinander* Integrationen über die beiden Variablen, die den Bereich B beschreiben, ausgeführt. Dabei bestimmen sich die Grenzen der Variablen aus den Grenzen des Bereiches B.

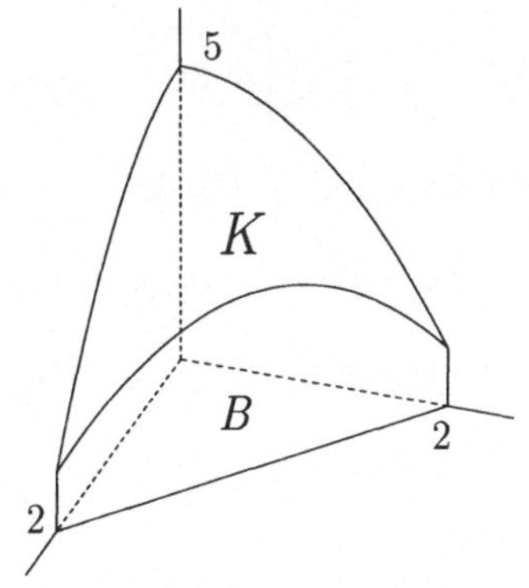

Bild 19: Zum Doppelintegral

Beispiel 5.12 Das Volumen V des Körpers K, der durch die Koordinatenebenen, die Ebene $x + y = 2$ und das

Paraboloid $z = 5 - x^2 - y^2$ begrenzt wird (s. Bild 19), ist

$$V = \int_{x=0}^{2} \left\{ \int_{y=0}^{2-x} (5 - x^2 - y^2)\mathrm{d}y \right\} \mathrm{d}x = \int_{x=0}^{2} \left\{ [(5 - x^2)y - \frac{y^3}{3}]_{y=0}^{2-x} \right\} \mathrm{d}x$$

$$= \int_{x=0}^{2} \left\{ (5 - x^2)(2 - x) - \frac{1}{3}(2 - x)^3 \right\} \mathrm{d}x = \int_{x=0}^{2} \left(\frac{22}{3} - x - 4x^2 + \frac{10}{3}x^3 \right) \mathrm{d}x$$

$$= \left[\frac{22}{3}x - \frac{1}{2}x^2 - \frac{4}{3}x^3 + \frac{5}{9}x^4 \right]_0^2 = \frac{98}{9}.$$

Substitutionsregel. Werden durch die Substitution

$$x = x(u, v) \qquad y = y(u, v) \tag{5.19}$$

neue Koordinaten u, v eingeführt, so kann der Wert des Doppelintegrals in den u, v-Koordinaten durch

$$\iint_B f\mathrm{d}b = \iint_B f(x(u, v), y(u, v)) \left| \frac{\partial(x, y)}{\partial(u, v)} \right| \mathrm{d}u\mathrm{d}v \tag{5.20}$$

berechnet werden, wobei

$$\frac{\partial(x, y)}{\partial(u, v)} = \begin{vmatrix} \partial_u x & \partial_v x \\ \partial_u y & \partial_v y \end{vmatrix} \tag{5.21}$$

die sogenannte Funktionaldeterminante des Funktionensystems (5.19) ist. Diese Regel kann abkürzend durch

$$\mathrm{d}b = \left| \frac{\partial(x, y)}{\partial(u, v)} \right| \mathrm{d}u\mathrm{d}v$$

beschrieben werden. Für Polarkoordinaten

$$x = r \cos \varphi \qquad y = r \sin \varphi$$

erhält man beispielsweise

$$\mathrm{d}b = r\mathrm{d}r\mathrm{d}\varphi.$$

Oberflächenintegrale

Ist der Bereich B, über den integriert wird, kein Bereich der x, y-Ebene, sondern ein i.allg. gekrümmtes Flächenstück, z.B. wenn die Masse oder der Schwerpunkt von flächenartigen Bauelementen zu ermitteln ist, so gehen in die Berechnung von $\iint f\mathrm{d}b$ außer den Bereichsgrenzen auch die Formeln

$$x = x(u,v) \qquad y = y(u,v) \qquad z = z(u,v)$$

der Parameterdarstellung der Fläche ein. Für das Flächenelement db ergibt sich dann

$$\mathrm{d}b = \sqrt{EG - F^2}\mathrm{d}u\mathrm{d}v \tag{5.22}$$

mit

$$E = (\partial_u x)^2 + (\partial_u y)^2 + (\partial_u z)^2, \quad G = (\partial_v x)^2 + (\partial_v y)^2 + (\partial_v z)^2,$$

$$F = \partial_u x \cdot \partial_v x + \partial_u y \cdot \partial_v y + \partial_u z \cdot \partial_v z.$$

Wenn ein Flächenstück durch $z = f(x,y)$ beschrieben ist, entspricht das einer Parameterdarstellung mit den Parametern $u = x$ und $v = y$. In diesem Spezialfall gilt

$$\mathrm{d}b = \sqrt{1 + (\partial_x f)^2 + (\partial_y f)^2}\mathrm{d}x\mathrm{d}y.$$

Für $f \equiv 1$ ergibt sich der Flächeninhalt A des Flächenstücks B, also

$$A = \iint\limits_B \sqrt{EG - F^2}\mathrm{d}u\mathrm{d}v$$

und für $f = \varrho(u,v)$, wenn ϱ die Flächen-Massendichte ist, die Masse M des Flächenstücks B

$$M = \iint\limits_B \varrho(u,v)\sqrt{EG - F^2}\mathrm{d}u\mathrm{d}v.$$

5.6.2 Dreifachintegrale

In Analogie zur Definition der Integrale von Funktionen von einer und von zwei Variablen wird auch das Integral

$$\iiint\limits_K f\mathrm{d}k \tag{5.23}$$

einer Funktion $f(x, y, z)$ von drei Variablen über einen *Körper* K (ein *Bereich* des $\mathbf{R}^3$) als Grenzwert von Summen der Form $\sum_n f(x_n, y_n, z_n)\triangle K_n$ erklärt. Im Falle der Existenz der vorkommenden Integrale gelten analoge Grundgesetze:

$$\iiint_K \lambda f \mathrm{d}k = \lambda \iiint_K f \mathrm{d}k \quad (\lambda \in \mathbf{R}), \quad \iiint_K (f+g)\mathrm{d}k = \iiint_K f\mathrm{d}k + \iiint_K g\mathrm{d}k,$$

$$\iiint_{K_1 \cup K_2} f\mathrm{d}k = \iiint_{K_1} f\mathrm{d}k + \iiint_{K_2} f\mathrm{d}k \qquad \text{falls } K_1 \cap K_2 = \emptyset.$$

Im Spezialfall $f \equiv 1$ ist der Wert des Dreifachintegrals (5.23) das Volumen des Körpers K. Die Berechnung eines Dreifachintegrals erfolgt wieder durch iterierte Integration (s. Beispiel 5.13); dabei ist im Falle kartesischer x, y, z-Koordinaten $\mathrm{d}k = \mathrm{d}x\mathrm{d}y\mathrm{d}z$ zu setzen.

Substitutionsregel. Werden durch die Substitution

$$x = x(u, v, w) \qquad y = y(u, v, w) \qquad z = z(u, v, w) \tag{5.24}$$

neue Koordinaten u, v, w eingeführt, so kann das Dreifachintegral (5.23) durch

$$\iiint_K f\mathrm{d}k = \iiint_K f(x(u, v, w), y(u, v, w), z(u, v, w)) \left|\frac{\partial(x, y, z)}{\partial(u, v, w)}\right| \mathrm{d}u\mathrm{d}v\mathrm{d}w$$

berechnet werden, wobei

$$\frac{\partial(x, y, z)}{\partial(u, v, w)} = \begin{vmatrix} \partial_u x & \partial_v x & \partial_w x \\ \partial_u y & \partial_v y & \partial_w y \\ \partial_u z & \partial_v z & \partial_w z \end{vmatrix}$$

die Funktionaldeterminante des Funktionensystems (5.24) ist.

Für Zylinderkoordinaten $x = r\cos\varphi, y = r\sin\varphi, z = z$ erhält man

$$\iiint_K f\mathrm{d}k = \iiint_K f r \mathrm{d}r\mathrm{d}\varphi\mathrm{d}z,$$

und für Kugelkoordinaten $x = r\sin\vartheta\cos\varphi, y = r\sin\vartheta\sin\varphi, z = r\cos\vartheta$ gilt

$$\iiint_K f\mathrm{d}k = \iiint_K f r^2 \sin\vartheta \mathrm{d}r\mathrm{d}\vartheta\mathrm{d}\varphi.$$

Beispiel 5.13 Der Schwerpunkt $P(x_s, y_s, z_s)$ der homogenen Halbkugel $x^2 + y^2 + z^2 \leq R^2, z \geq 0$ soll berechnet werden. Auf Grund der Symmetrien gilt $x_s = y_s = 0$. Bei Verwendung von Kugelkoordinaten erhält man für die z-Koordinate

$$\begin{aligned} z_s &= \frac{1}{V}\iiint\limits_K z\mathrm{d}k = \frac{3}{2\pi R^3}\int_{r=0}^{R}\left\{\int_{\varphi=0}^{2\pi}\left\{\int_{\vartheta=0}^{\pi/2} r^3\sin\vartheta\cos\vartheta\mathrm{d}\vartheta\right\}\mathrm{d}\varphi\right\}\mathrm{d}r \\ &= \frac{3}{2\pi R^3}\int_{r=0}^{R} r^3\left\{\int_{\varphi=0}^{2\pi}\left[\frac{1}{2}\sin^2\vartheta\right]_{\vartheta=0}^{\pi/2}\mathrm{d}\varphi\right\}\mathrm{d}r = \frac{3}{4\pi R^3}\int_{r=0}^{R} r^3\left\{\int_{\varphi=0}^{2\pi}\mathrm{d}\varphi\right\}\mathrm{d}r \\ &= \frac{3}{2R^3}\int_{r=0}^{R} r^3\mathrm{d}r = \frac{3}{2R^3}\left[\frac{1}{4}r^4\right]_{r=0}^{R} = \frac{3}{8}R. \end{aligned}$$

Der Schwerpunkt der Halbkugel ist also $P(0, 0, \frac{3}{8}R)$.

5.6.3 Anwendungen

Die Formeln der folgenden Tabellen gelten sowohl für Integrale über Flächen der x, y-Ebene als auch für Integrale über Körper. Für $\iint\limits_B f\mathrm{d}b$ und $\iiint\limits_K f\mathrm{d}k$ wird abkürzend $\int\limits_B f\mathrm{d}b$ geschrieben. Die Flächen-Massendichte bzw. die Volumen-Massendichte wird in beiden Fällen mit ϱ bezeichnet. Für homogene Flächen bzw. Körper ist $\varrho \equiv 1$ zu setzen. Für Flächen ist in allen Formeln $z = 0$ zu setzen.

Volumen V und Masse M	
$V = \int\limits_B \mathrm{d}b$	$M = \int\limits_B \varrho\mathrm{d}b$

Schwerpunkte		
$x_s = \frac{1}{M}\int\limits_B x\varrho\mathrm{d}b$	$y_s = \frac{1}{M}\int\limits_B y\varrho\mathrm{d}b$	$z_s = \frac{1}{M}\int\limits_B z\varrho\mathrm{d}b$

Trägheitsmomente		
$\Theta_x = \int\limits_B (y^2+z^2)\varrho\mathrm{d}b$	$\Theta_y = \int\limits_B (x^2+z^2)\varrho\mathrm{d}b$	$\Theta_z = \int\limits_B (x^2+y^2)\varrho\mathrm{d}b$

6 Gewöhnliche Differentialgleichungen

6.1 Gewöhnliche Differentialgleichungen als Hilfsmittel zur Beschreibung endlichdimensionaler differenzierbarer Objekte und Prozesse

Wir beginnen mit einer (unscharfen) Definition, die später im Detail präzisiert wird.

Definition 6.1 *Eine Differentialgleichung ist eine Gleichung für eine gesuchte Funktion, in der außer dieser Funktion auch ihre Ableitungen auftreten, sie heißt* **gewöhnlich**, *wenn diese Funktion nur von einer Veränderlichen abhängt, sonst* **partiell**.
Sind mehrere unbekannte Funktionen zu ermitteln, so kann ein **System** *von (endlich vielen) Differentialgleichungen gegeben sein.*

Die in einer Differentialgleichung (abgekürzt Dgl.) auftretende höchste Ordnung einer Ableitung der gesuchten Funktion heißt die *Ordnung der Differentialgleichung.*
Zum Beispiel ist eine Relation der Gestalt

$$F(x; y, y', y'', \dots, y^{(n)}) = 0, \quad (x \in J) \tag{6.1}$$

wobei $F : G \subset \mathbf{R}^{n+2} \to \mathbf{R}$ eine Abbildung einer offenen Menge G des $\mathbf{R}^{n+2}$ der Form $G = J \times \Omega (J = (a, b) \subseteq \mathbf{R}; \Omega \subseteq \mathbf{R}^{n+1})$ in die Menge der reellen Zahlen bezeichnet, eine allgemeine Form der Dgl. **n**-ter Ordnung für eine unbekannte Funktion $y : J \to \mathbf{R}$ in **impliziter Gestalt.** Kann obige Relation (6.1) nach $y^{(n)}$ aufgelöst werden, so sprechen wir von einer **expliziten Dgl.** $\boldsymbol{n}$**-ter Ordnung.** Ist die Abbildung F eine rationale Funktion ihrer Argumente $y, y', \dots, y^{(n)}$ (z.B. ein Polynom), so heißt die höchste auftretende Potenz der **Grad** der Dgl.
Zum Beispiel ist die Dgl.

$$a_n(x)y^{(n)} + a_{n-1}(x)y^{(n-1)} + \dots + a_1(x)y' + a_0(x)y - q(x) = 0,$$

also kurz

$$\sum_{k=0}^{n} a_k(x)y^{(k)} - q(x) = 0 \quad (x \in J), \qquad \text{mit } y^{(0)}(x) = y(x), \tag{6.2}$$

wobei die $a_k(x)$ und $q(x)$ $(k = 0, 1, \dots, n)$ gegebene reelle Funktionen (auf dem Intervall J) sind, vom *ersten Grad* oder *linear* und falls $a_n(x) \neq 0$ von der

Ordnung n. Die Dgl.

$$a_0(x) + a_1(x)y^2 + a_2(x)(y')^3 + a_3(x)y'' = 0$$

ist eine nichtlineare Dgl. dritten Grades; die Dgl.

$$(\sin y') + xy' - y = 0$$

ist *nichtlinear* und hat keinen Grad.
Eine Dgl. *integrieren* oder *lösen* heißt: alle Funktionen finden, die samt ihren Ableitungen in die Dgl. eingesetzt, diese für alle Werte des Argumentes ($x \in J$) erfüllen. Zum Beispiel laute die Dgl.

$$x + y' = 0 \quad (x \in (-\infty, +\infty)) \tag{6.3}$$

oder

$$y' = -x \quad (x \in \mathbf{R}).$$

Die (unbestimmte) Integration beider Seiten liefert als notwendige Bedingung für die Gestalt der Lösung die Gleichung

$$y(x) = -\frac{x^2}{2} + C \quad (x \in \mathbf{R}), \tag{6.4}$$

wobei $C \in \mathbf{R}$ eine beliebige Konstante (Integrations-Konstante) ist. Durch *Einsetzen* (Probe) überzeugt man sich sofort davon, daß die Funktionen der Lösungsschar (6.4) tatsächlich Lösungen von (6.3) sind. Die Formel (6.4) ist auch eine hinreichende Bedingung für die Form der Lösung der gegebenen Dgl., denn es gilt ja

$$\left(-\frac{x^2}{2} + C\right)' = -x \quad (x \in \mathbf{R}),$$

also

$$\left(-\frac{x^2}{2} + C\right)' + x = 0 \quad (x \in \mathbf{R}).$$

Die Funktionenschar (6.4) bezeichnen wir als *allgemeine Lösung* der Dgl. In den meisten Anwendungen interessiert aber eine *spezielle Lösung* einer gegebenen Dgl., die keine beliebige Konstante enthält.
Eine solche kann z.B. durch *Anfangsbedingungen*, d.h. die Vorgabe von Funktionswerten bzw. Ableitungen der gesuchten Funktion an einer festen Stelle, festgelegt sein.

Beispiel 6.1 Die oben genannte Dgl.

$$x + y' = 0$$

werde ergänzt durch die Forderung (Anfangsbedingung)

$$y(0) = 1.$$

Da wir die allgemeine Lösung der Dgl. kennen, verwenden wir diese zur Anpassung der Integrationskonstanten C : vermöge der Gleichungen

$$1 = y(0) = \left(-\frac{x^2}{2} + C\right)\bigg|_{x=0} = C$$

ist folglich $C = 1$. Es ist also

$$\tilde{y}(x) = -\frac{x^2}{2} + 1 \quad (x \in \mathbf{R})$$

die gesuchte spezielle oder **partikuläre** Lösung der gegebenen Dgl.
Die allgemeine Lösung (das allgemeine Integral einer Dgl. n-ter Ordnung) enthält genau n beliebige, unabhängige Konstanten, die man nicht durch eine geringere Anzahl ersetzen kann.

6.2 Beispiele zur Modellierung

Säule

Ein axialsymmetrischer Baukörper (Säule) der Höhe $H > 0$ soll aus homogenem Steinmaterial (spez. Gewicht σ_0 kg/m^3) in der Weise errichtet werden, daß die Belastung für jeden horizontalen Säulen-Querschnitt pro Quadratmeter die gleiche ist. Dabei ist eine gleichmäßig verteilt aufliegende Last $P > 0$ mit zu berücksichtigen. Welche Gestalt hat das Säulenprofil?
Lösung: Wir benutzen ein (r, z)-Koordinatensystem (z-Achse: Symmetrieachse der Säule, r : Abstand von der z-Achse) und suchen das Säulenprofil (Rotationskörper!) in der Form $r = r(z)(0 \leq z \leq H)$. Die Grundfläche ist dann ein Kreis mit dem Radius $r_0 = r(0) > 0$; der Querschnitt in der Höhe z hat den Flächeninhalt $q(z) = \pi(r(z))^2$ (s. Bild).

Die Last, die auf den Querschnitt in der Höhe z einwirkt, ergibt sich als Summe von P und dem Gewicht des darüberliegenden Säulenstücks, ist also gleich $P(z) = P + \sigma_0 \int_z^H q(\xi)d\xi$. Laut Aufgabenstellung wird die Konstanz der Flächenlast $\frac{P(z)}{q(z)}$ gefordert. Also muß $\frac{P(z)}{q(z)} = C(> 0)$ gelten.

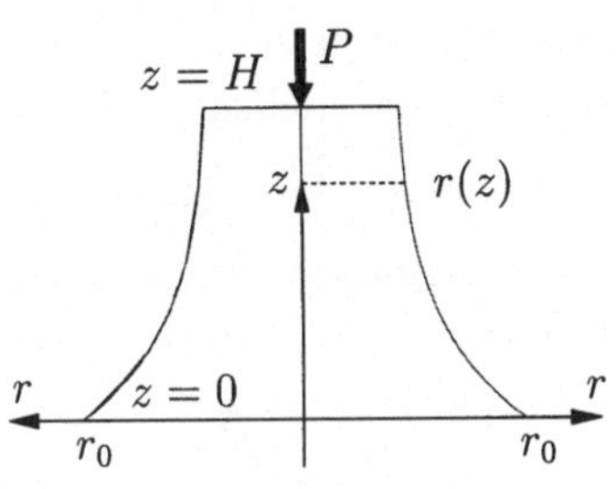

Bild 20: Säule

Mit $q(z) = \pi(r(z))^2$ erhalten wir wegen $P(z) = Cq(z)$ die Gleichung

$$P(z) = P + \sigma_0 \int_z^H \pi(r(\xi))^2 \mathrm{d}\xi = C\pi(r(z))^2. \tag{6.5}$$

Wir nehmen an, daß die Profilkurve $r = r(z)$ stetig verläuft (keine Sprünge hat), dann ist sie nach der Gleichung (6.5) sogar stetig differenzierbar. Durch Differentiation beider Seiten der Gleichung (6.5) nach z (Regel für die Differentiation eines Integrals nach der unteren Grenze beachten!) erhalten wir die Gleichung (Kettenregel beachten!)

$$-\sigma_o\pi(r(z))^2 = C\pi \cdot 2r(z)r'(z),$$

aus der sich (Division durch $\pi r(z) > 0$) die Differentialgleichung für $r(z)$

$$-\sigma_o r(z) = 2Cr'(z)$$

oder (umstellen)

$$r'(z) + \frac{\sigma_o}{2C} r(z) = 0 \tag{6.6}$$

ergibt. Die Gleichung (6.6) ist eine lineare Differentialgleichung erster Ordnung für $r(z)$. Wir versuchen diese Dgl. durch den Ansatz

$$r(z) = \mathrm{e}^{\lambda z}$$

zu lösen. Einsetzen in die Dgl. (6.6) ergibt notwendig wegen $r'(z) = \lambda \mathrm{e}^{\lambda z}$

$$\lambda \mathrm{e}^{\lambda z} + \frac{\sigma_0}{2C} \mathrm{e}^{\lambda z} = 0.$$

Nach Division durch $\mathrm{e}^{\lambda z} > 0$ folgt

$$\lambda + \frac{\sigma_0}{2C} = 0; \text{ d.h., } \lambda = -\frac{\sigma_0}{2C}.$$

Tatsächlich erfüllt die Funktion $r(z) = e^{-\frac{\sigma_0}{2C}z}$ die Dgl. (6.6). Desgleichen ist dies der Fall für alle Vielfachen dieser Funktion, so daß die allgemeine Lösung

$$r(z) = Ke^{-\frac{\sigma_0}{2C}z} \quad (K \text{ reell, beliebig})$$

lautet. Zu ermitteln ist die Konstante K aus der Anfangsbedingung $r(0) = r_0$. Einerseits gilt

$$r(0) = Ke^{-0} = K$$

und andererseits die erstere Gleichung, also folgt $K = r_0$. Die gesuchte Lösung (Säulenprofil) lautet somit

$$r(z) = r_0 e^{-\frac{\sigma_0}{2C}z} \quad (0 \leq z \leq H),$$

sie liefert also einen exponentiell fallenden Abstand von der Säulenachse.

Anmerkung. Die nicht weiter spezifizierte Konstante C ist durch die Gleichung (6.5) für $z = H$ festgelegt; es gilt ($z = H$ in (6.5) einsetzen!) ersichtlich die Gleichung

$$P = \pi C(r(H))^2 = \pi C r_0^2 e^{-\frac{\sigma_0}{C}H},$$

aus der sich bei gegebenem P, σ_0, r_0, H der Wert von C ermitteln läßt.

Wachstum von Populationen

Es sei eine Population (Bakterienkultur; Tierart in einem begrenzten Gebiet) gegeben, sie besitze zum Zeitpunkt $t \in \mathbf{R}$ den Umfang $N(t)$. Die Funktion $N(t)$ werde als differenzierbar angesehen (analoge Größe). Dann ist die Ableitung $N'(t)$ ein Maß für die Wachstumsrate (bzw. Abnahmerate) zum Zeitpunkt $t \in \mathbf{R}$. Denkbar sind nun die unterschiedlichsten Ansätze oder Modelle. Das einfachste Modell, das das sog. „organische Wachstum" beschreibt, geht davon aus, daß die Wachstumsrate zur Menge der vorhandenen Individuen, also zum Umfang $N(t)$ direkt proportional ist:

$$N'(t) = aN(t) \quad (t \in \mathbf{R}) \quad a \in \mathbf{R}, \quad \text{fest.}$$

Für negatives $a, a < 0$, wird dieses Modell mit Erfolg zur Beschreibung des radioaktiven Zerfalls benutzt. Für beliebiges a lautet die allgemeine Lösung $N(t) = Ce^{at}(t \in \mathbf{R}; C \in \mathbf{R}$ beliebig).

Für positives a und $C > 0$ ergibt sich für $t \to +\infty$ ein exponentiell ansteigendes Wachstum; das ist (begrenzte Nahrungsvorräte etc.) unrealistisch! Daher betrachtet man (VERHULST 1837) ein verbessertes Wachstumsmodell, bei dem sich die Wachstumsrate verringert, wenn der Umfang $N(t)$ der Population an eine obere Grenze $B > 0$ herankommt, also setzt man

$$N'(t) = aN(t)(B - N(t)) \quad a > 0, \text{ fest.}$$

Diese Dgl. hat die beiden zeitunabhängigen Lösungen – auch stationäre Lösungen genannt –

$$N_1(t) = 0 \quad (t \in \mathbf{R})$$

bzw.

$$N_2(t) = B \quad (t \in \mathbf{R}).$$

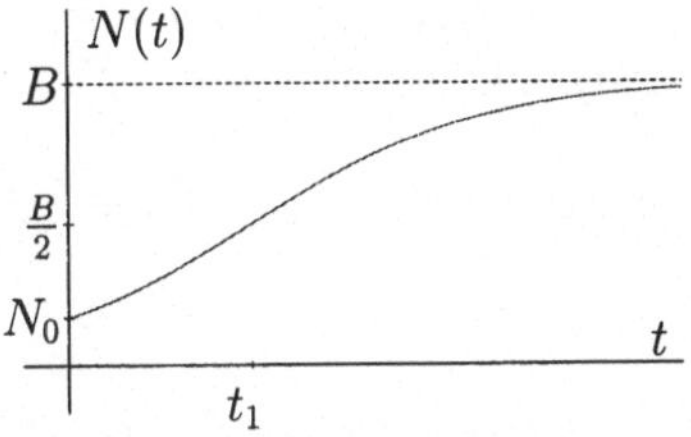

Die allgemeine Lösung lautet

$$N(t) = \frac{B}{1 + k\mathrm{e}^{-aBt}}$$

Bild 21: Organisches Wachstum

für alle $t \in \mathbf{R}$, für die der Nenner von Null verschieden ist. Dabei bezeichnet k eine beliebige Integrationskonstante ($k \in \mathbf{R}$).
Ist $k > 0$, so gilt die asymptotische Beziehung

$$\lim_{t \to +\infty} N(t) = B.$$

Wir stellen nun eine zusätzliche Bedingung, nämlich die Anfangsbedingung

$$N(0) = N_0; \quad N_0 > 0, \text{ gegeben,}$$

und erhalten für k den Wert

$$k = \frac{B - N_0}{N_0}$$

und damit für $N(t)$ die spezielle Lösung

$$N(t) = \frac{BN_0}{N_0 + (B - N_0)\mathrm{e}^{-aBt}} \quad (t \in \mathbf{R}).$$

Der Kurvenverlauf ist (s. Bild 21) für den Fall $0 < N_0 < \frac{B}{2}$ angegeben. Der Wendepunkt dieser sog. „logistischen Kurve" liegt dort, wo $N(t) = \frac{B}{2}$ ist, also bei $t_1 = \frac{\ln k}{aB} = \frac{1}{aB} \ln \frac{B-N_0}{N_0}$. Ist $N_0 > B$, so erhalten wir für $N(t)$ eine fallende Kurve mit der Asymptote $N = B$. Ist $N_0 < 0$, so erhalten wir für $N(t)$ eine fallende Kurve, die nicht für alle $t > 0$ erklärt ist und eine Parallele zur $N(t)$-Achse als Asymptote besitzt.

Strom im Stromkreis mit Induktivität und Ohmschen Widerstand
Gegeben sei ein Stromkreis mit Induktivität und Ohmschen Widerstand, der durch eine von außen angelegte Wechselspannung $E_0 \sin \omega t$ $(E > 0, \omega > 0)$ betrieben wird (s. Bild 22).

Die Spannungsbilanz zwischen den Meßpunkten 1, 2, 3 mit den Potentialen $U_1(t), U_2(t), U_3(t)$ lautet ersichtlich zum Zeitpunkt t

$$(U_1(t)-U_2(t))+(U_2(t)-U_3(t)) = U_1(t)-U_3(t)$$

oder

$$L\frac{\mathrm{d}I}{\mathrm{d}t} + RI(t) = E_0 \sin \omega t, \quad (t \in \mathbf{R}),$$

wobei $I(t)$ den zur Zeit t fließenden Strom des Stromkreises bezeichnet.

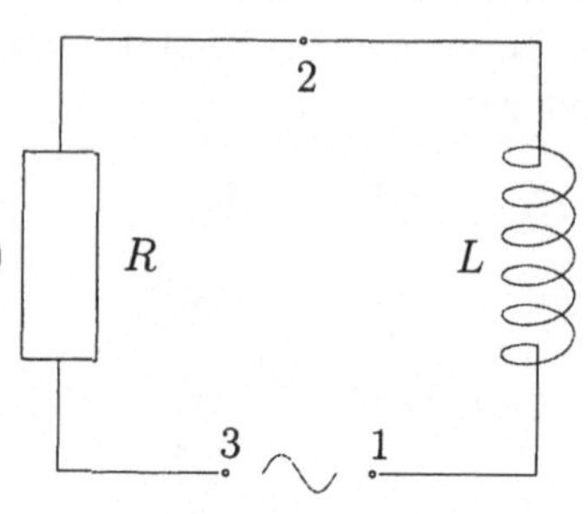

Bild 22: Schwingkreis

Dies stellt eine lineare Dgl. erster Ordnung für $I(t)$ dar, die z.B. mit der Anfangsbedingung $I(0) = 0$ versehen werden kann.

6.3 Explizite Differentialgleichungen erster Ordnung

6.3.1 Differentialgleichungen mit trennbaren Variablen

Zu den mit elementaren Methoden „geschlossen" lösbaren Typen von Differentialgleichungen erster Ordnung, d.h., für die man einen endlichen Algorithmus („Rezept") angeben kann, der die Lösung (gegebenenfalls in impliziter Form) liefert, gehören die Differentialgleichungen mit *trennbaren Variablen.*

Es seien $J \subseteq \mathbf{R}, I \subseteq \mathbf{R}$ offene Intervalle auf der Zahlengeraden $\mathbf{R}$, und $g : J \to \mathbf{R}$ bzw. $h : I \to \mathbf{R}$ gegebene stetige Funktionen. Im Gebiet $\mathfrak{R} = J \times I$ des $\mathbf{R}^2$ betrachten wir die Dgl.

$$y' = g(x)h(y). \tag{6.7}$$

Es sei $y_0 \in I$ eine Nullstelle der Funktion $h(y)$ also $h(y_0) = 0$. Dann ist die Funktion $y(x) = y_0$ $(x \in J)$ eine (stationäre) Lösung der Dgl. (6.7). Daher setzen wir im weiteren voraus, daß $h(y) \neq 0$ $(y \in I)$ gilt. Wir führen die folgende Funktion zweier Variabler in $\mathfrak{R}$ ein ((x_1, y_1) sei ein gegebener Punkt in $\mathfrak{R}$):

$$\Phi(x,y) := \int_{y_1}^{y} \frac{\mathrm{d}\eta}{h(\eta)} - \int_{x_1}^{x} g(\xi)\mathrm{d}\xi.$$

Dann gilt $\Phi(x_1, y_1) = 0$ sowie die Gleichung $\frac{\partial \Phi}{\partial y}(x,y) = \frac{1}{h(y)}$. Wegen der getroffenen Voraussetzungen gilt speziell $\frac{\partial \Phi}{\partial y}(x_1, y_1) \neq 0$. Die Funktion Φ erfüllt also die Voraussetzungen des Satzes von der impliziten Funktion (s. [TTM]). Es existiert also eine lokale Auflösung der Gleichung

$$\Phi(x,y)=0$$

nach der zweiten Variablen in der Form $y=\varphi(x)$ $(x_1-\delta<x<x_1+\delta)$ für ein gewisses $\delta>0$ und mit einer stetig differenzierbaren Funktion $\varphi:(x_1-\delta,x_1+\delta)\to\mathbb{R}$, für die die Gleichung $\varphi(x_1)=y_1$ gilt.
Es gilt also die Gleichheit

$$\Phi(x,\varphi(x))=0 \quad (x_1-\delta<x<x_1+\delta).$$

Durch implizite Differentiation folgt weiter nach der Kettenregel

$$\frac{\partial\Phi}{\partial x}+\frac{\partial\Phi}{\partial y}\cdot\varphi'(x)=0$$

(als Argument ist überall $(x,y)=(x,\varphi(x))$ einzusetzen). Nach der Definition der Funktion Φ gilt aber

$$\frac{\partial\Phi}{\partial x}=-g(x) \text{ und } \frac{\partial\Phi}{\partial y}=\frac{1}{h(y)},$$

nach Einsetzen

$$-g(x)+\frac{\varphi'(x)}{h(\varphi(x))}=0 \quad (x\in(x_1-\delta,x_1+\delta))$$

oder

$$\varphi'(x)=g(x)h(\varphi(x)) \quad (x\in(x_1-\delta,x_1+\delta)).$$

Also ist die (lokale) Auflösungsfunktion $\varphi(x)$ eine (lokale) Lösung der gegebenen Differentialgleichung (6.7), und sie erfüllt die „Anfangsbedingung" $\varphi(x_1)=y_1$.
Unter den o. g. Voraussetzungen über die Funktionen $g(x,y)$ und $h(x,y)$ – insbesondere $h(y)\neq0$ für $y\in I$ – ist

$$\Phi(x,y)=\int_{y_1}^{y}\frac{\mathrm{d}\eta}{h(\eta)}-\int_{x_1}^{x}g(\xi)\mathrm{d}\xi \quad ((x,y)\in\mathfrak{R}).$$

Dann gelten folgende Aussagen:

Satz 6.1 *(von der Trennung der Variablen: TdV)*

1. *Es existiert eine (lokale) Auflösung* $y = \varphi(x)$ *der Gleichung* $\Phi(x, y) = 0$ *in einer Umgebung von* x_1. *Die Auflösungsfunktion* φ *ist eine (lokale) Lösung der Dgl. (6.7) mit* $\varphi(x_1) = y_1$.

2. *Es sei* $\psi : J \to \mathbf{R}$ *eine differenzierbare Auflösung nach* y *der Gleichung* $\Phi(x, y) = 0$ *mit* $\psi(x_1) = y_1$. *Dann ist* ψ *eine Lösung der Dgl. (6.7) mit* $\psi(x_1) = y_1$.

Beweis. Zu beweisen ist nach den obigen Ausführungen nur noch Punkt 2. des Satzes. Dieser ergibt sich aber unmittelbar durch Einsetzen von $y = \psi(x)$ in die Gleichung $\Phi(x, y) = 0$ und anschließende Differentiation nach x (wie bereits im Beweis von Punkt 1. geschehen).

Anmerkung. In der älteren Literatur wird die Methode der Trennung der Variablen gewöhnlich beschrieben in der Form:
„die Lösung der Dgl. (6.7) erhält man durch Trennen der Variablen, d.h., die Umformung von (6.7) in die Gestalt

$$\frac{y'}{h(y)} = g(x)$$

und anschließende unbestimmte Integration bezüglich x,

$$\int \frac{y'\mathrm{d}x}{h(y)} = \int g(x)\mathrm{d}x$$

sowie Substitution $y = y(x)$ im ersten Integral, was wegen $\mathrm{d}y = y'\mathrm{d}x$ schließlich die Gleichung

$$\int \frac{\mathrm{d}y}{h(y)} = \int g(x)\mathrm{d}x$$

liefert, aus der man die Lösung $y(x)$ durch Auflösen zu erhalten versucht."
Im Sinne eines formalen Rezepts, das zu möglichen Lösungen der Dgl. (6.7) führt, die anschließend durch die Probe gerechtfertigt werden müssen(!), ist die Vorgehensweise akzeptabel. (Der Leser begründe die einzelnen Teilschritte auf der Grundlage der zuvor vollzogenen Überlegungen.)

Hinweis. Ist eine Dgl. erster Ordnung vom Typ der trennbaren Variablen, also von der Gestalt

$$y' = g(x) \cdot h(y), \tag{6.8}$$

so ermittelt man zunächst die Nullstellen der Funktion $h(y)$, d.h. alle Werte y_0 mit

$$h(y_0) = 0.$$

Liegt nämlich ein solcher Wert y_0 mit $h(y_0) = 0$ vor, so ist auch die identisch konstante Funktion

$$\varphi(x) = y_0 \quad (x \in J) \tag{6.9}$$

eine Lösung der Dgl., wie durch Einsetzen sofort zu ersehen ist. Diese identisch konstanten Lösungen bezeichnet man auch als **stationäre Lösungen.**

Beispiel 6.2 Man löse die Anfangswertaufgabe

$$(x^2 - 1)y' + 2xy^2 = 0 \text{ mit } y(0) = 1.$$

Lösung: Auflösung nach y' liefert eine Dgl. mit trennbaren Variablen ($|x| \neq 1$)

$$y' = \frac{2x}{(1 - x^2)} \cdot y^2 = g(x) \cdot h(y).$$

Nullstelle des „$h(y)$-Faktors" ist $y_0 = 0$. Eine (die) stationäre Lösung hierfür lautet daher

$$y = \varphi(x) = 0 \quad (x \in \mathbf{R}, |x| \neq 1).$$

Diese Lösung erfüllt die gestellte Anfangsbedingung $y(0) = 1$ offensichtlich nicht. Wir setzen also im weiteren $y \neq 0$ voraus. Die Trennung der Variablen TdV liefert die Integrationsaufgabe

$$\int \frac{\mathrm{d}y}{y^2} = \int \frac{2x\mathrm{d}x}{1 - x^2} \quad (|x| \neq 1).$$

Nach Ausführung der Integration erhalten wir

$$-\frac{1}{y} = -\ln|1 - x^2| + C \text{ oder } y = \frac{1}{\ln|1 - x^2| - C} \quad (x \neq \pm 1; \ln|1 - x^2| \neq C).$$

Mit der Anfangsbedingung erhalten wir

$$y(0) = -\frac{1}{C} = 1, \text{ also } C = -1$$

und damit als Lösung der Anfangswertaufgabe

$$y = \varphi(x) = \frac{1}{1 + \ln|1 - x^2|} \quad (|x| \neq 1; \ln|1 - x^2| \neq -1).$$

Die Lösung existiert als stetig differenzierbare Funktion in einer Umgebung des Anfangspunktes $x = 0$ mit dem Anfangswert $y = 1$ nur solange bis (von Null ausgehend) der Nenner erstmals Null wird; also $\ln|1 - x^2| = -1$ gilt. Dies begrenzt die *lokale* Existenz der Lösung auf das maximale Existenzintervall

$$\hat{J} = \left(-\sqrt{1 - \frac{1}{\mathrm{e}}}, \sqrt{1 - \frac{1}{\mathrm{e}}}\right) \approx (-0.79506, +0.79506).$$

6.3.2 Richtungsfeld und Isoklinen

In einem Gebiet Ω der x, y-Ebene sei eine reellwertige Funktion $f : \Omega \to \mathbf{R}$ gegeben. Wir betrachten die Differentialgleichung

$$y' = f(x,y) \quad ((x,y) \in \Omega) \tag{6.10}$$

und interpretieren damit die Vorgabe von $f(x,y)$ als Vorgabe eines **Richtungsfeldes,** d.h., jedem Punkt $(x,y) \in \Omega$ ordnen wir eine an diesem Punkt angreifende Strecke zu, die mit der positiven Richtung der x-Achse den Winkel α bildet, der durch die Beziehung

$$\tan \alpha = f(x,y) \tag{6.11}$$

festgelegt ist. Eine solche („kleine") Strecke heißt in Zusammenhang mit dem gegebenen Punkt ein **Linienelement**, repräsentiert durch das Tripel $(x, y, f(x,y))$. Alle differenzierbaren Kurven $y = y(x)(x \in J)$, die „auf das Richtungsfeld passen", d.h. für die

$$y' = y'(x) = f(x, y(x)) \quad (x \in J) \tag{6.12}$$

gilt, sind gerade die Lösungen der gegebenen Differentialgleichung. Verbindet man benachbarte Linienelemente miteinander, entsteht ein **Streckenzug,** den man als Näherungslösung der gegebenen Differentialgleichung ansehen kann. Die Kurven, auf denen $f(x,y)$ einen konstanten Wert beibehält (also die Niveaulinien oder Höhenlinien von $f(x,y)$) bilden die sog. **Isoklinen.** Eine einzelne Isokline hat somit die Gleichung $f(x,y) = c$ für ein festes c und variables (x,y) (Darstellung der Isokline in impliziter Form). In allen Punkten einer Isokline haben die Linienelemente die gleiche Richtung, dasselbe gilt daher auch für die Lösungskurven der gegebenen Dgl. Als Beispiel betrachten wir

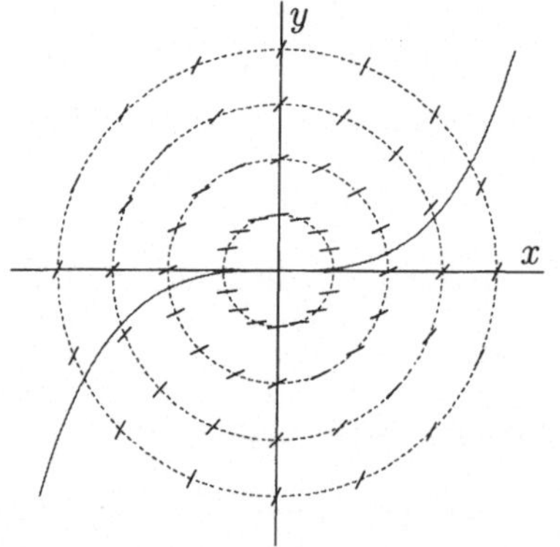

Bild 23: Richtungsfeld, Isoklinen, Lösungskurve

$$y' = x^2 + y^2$$

($\Omega = \mathbf{R}^2$ = gesamte x, y-Ebene). Die Isoklinen sind die Kurven

$$x^2 + y^2 = c \quad (c \geq 0),$$

also konzentrische Kreise um den Nullpunkt. Jedes Linienelement auf einer solchen Isokline hat den Anstieg $\tan \alpha = c$ gegen die positive x-Richtung. Damit können die Isoklinen zur näherungsweisen Konstruktion des Richtungsfeldes sowie der Integralkurven (also der Lösungskurven) benutzt werden (s. Bild 23).

6.3.3 Existenz- und Unitätssatz

Eine grundlegende Existenzaussage ist der klassische Satz von C. E. PICARD (1856-1941, franz. Math.) und E. LINDELÖF (1827-1908, schwed. Math.).

Satz 6.2 *Es sei $\Omega \subseteq \mathbf{R}^2$ ein beschränktes Gebiet und $\bar{\Omega}$ seine Abschließung. Es sei ferner (x_0, y_0) ein innerer Punkt von Ω und das Rechteck*

$$R = [x_0 - a, x_0 + a] \times [y_0 - b, y_0 + b]$$

liege ganz in $\bar{\Omega}(a > 0, b > 0)$. Die Funktion

$$f : \bar{\Omega} \to \mathbf{R}$$

sei stetig in $\bar{\Omega}$. Für je zwei Punkte $(x, y_1) \in R; (x, y_2) \in R$ mit derselben ersten Koordinate x gelte die Ungleichung

$$|f(x, y_1) - f(x, y_2)| \leq k|y_1 - y_2|$$

für ein festes $k > 0$. Man sagt: „f erfüllt eine Lipschitz-Bedingung" mit der „Lipschitzkonstanten" k. In R gelte ferner die Ungleichung

$$|f(x, y)| \leq \frac{b}{a} \quad ((x, y) \in R).$$

Dann gibt es genau eine stetig differenzierbare Funktion $\varphi^* : [x_0 - a, x_0 + a] \to \mathbf{R}$, die der Differentialgleichung $y' = f(x, y)$ genügt; d.h., es gilt

$$\frac{\mathrm{d}}{\mathrm{d}x}\varphi^*(x) = f(x, \varphi^*(x)) \quad (x \in [x_0 - a, x_0 + a])$$

und für die

$$\varphi^*(x_0) = y_0$$

ist. Außerdem erfüllt φ^* die Ungleichung

$$|\varphi^*(x) - y_0| \leq b \quad (x \in [x_0 - a, x_0 + a]).$$

Mit diesem Satz können in zahlreichen Anwendungsfällen Entscheidungen über die Lösbarkeit einer vorgelegten Differentialgleichung getroffen werden.

6.3.4 Numerische Verfahren

Zur näherungsweisen Lösung von Differentialgleichungen sind im Verlauf des zwanzigsten Jahrhunderts tausende von Verfahren ersonnen und erprobt worden, seit den 50er Jahren gibt es zu diesem Thema umfangreiche Monographien (z.B. von L. COLLATZ, einem Nestor der numerischen Analysis). Es ist daher unmöglich, an dieser Stelle auch nur annähernd einen Überblick über die Systematik solcher Verfahren zu geben, wir müssen uns auf wenige Beispiele solcher Verfahren beschränken.

Aus dem Beweis des Satzes von PICARD-LINDELÖF ergibt sich z.B. ein sog. **Iterationsverfahren,** d.h., eine feste Abfolge von Rechenschritten wird, ausgehend von einem Anfangszustand („Startwert"), laufend wiederholt. Im vorliegenden Fall wird eine Funktionenfolge erzeugt, die auf dem Intervall $J = [x_0 - a, x_0 + a]$ gleichmäßig gegen die gesuchte Lösung konvergiert.
Als Anfangsfunktion wählt man – unter den allgemeinen Voraussetzungen des Satzes von PICARD-LINDELÖF – die **identisch konstante** Funktion

$$\varphi_0(x) := y_0 \quad (x_0 - a \leq x \leq x_0 + a).$$

Alle weiteren Elemente der Folge von Näherungsfunktionen werden mittels der Iterationsvorschrift

$$\varphi_{n+1}(x) = y_0 + \int_{x_0}^{x} f(x, \varphi_n(x))\mathrm{d}x \quad (x \in [x_0 - a, x_0 + a])$$

$n = 0, 1, 2, \ldots$ gebildet.
Es entsteht eine Funktionenfolge $\varphi_0(x), \varphi_1(x), \varphi_2(x), \ldots$ die, wie man zeigen kann (hierbei spielt die LIPSCHITZ-Bedingung für f eine wesentliche Rolle), gegen die Lösung $\varphi^*(x)$ der Dgl.

$$y' = f(x, y); \; y(x_0) = y_0$$

in $J = [x_0 - a, x_0 + a]$ gleichmäßig konvergiert.

Ein gänzlich anderes Vorgehen (Verfahren) liefert den sog. EULER-CAUCHY-**Streckenzug.** Hierbei wird die Lösung der Differentialgleichung

$$y' = f(x, y) \text{ mit dem Anfangswert } y(x_0) = y_0$$

durch einen Streckenzug angenähert, d.h., die exakte Lösung wird durch eine stückweise lineare Funktion über J ersetzt. Zunächst wird eine Schrittweite $h > 0$ gewählt und die Punktfolge $x_0, x_1 = x_0 + h, x_2 = x_1 + h = x_0 + 2h, \ldots,$ $x_k = x_0 + kh, \ldots (k = 0, 1, 2, \ldots)$ bzw. $x_{-1} = x_0 - h, x_{-2} = x_{-1} - h =$

$x_0 - 2h, \ldots, x_{-k} = x_0 - kh$ betrachtet.
Man geht davon aus, daß $y_0' = f(x_0, y_0)$ den Anstieg der Tangente der Lösungskurve $y = \varphi^*(x)$ im Punkt (x_0, y_0) liefert und ersetzt damit die exakte Lösungskurve $y = \varphi^*(x)$ im Intervall $J_1 := [x_0, x_0 + h] = [x_0, x_1]$ durch die Tangente (lineare Funktion)

$$\varphi_1(x) = y_0 + f(x_0, y_0)(x - x_0) \quad (x_0 \leq x \leq x_0 + h).$$

Für $x = x_1 = x_0 + h$ erhält man damit den Näherungswert für $\varphi^*(x_1)$

$$\varphi_1(x_0 + h) = \varphi_1(x_1) = y_0 + h \cdot f(x_0, y_0) =: y_1.$$

Den Punkt (x_1, y_1) sieht man als den neuen Ausgangswert (obwohl er im allgemeinen nicht auf der exakten Lösungskurve liegt) an und bildet – wie soeben – die Näherungslösung $\varphi_2(x)$ im Intervall $J_2 = [x_1, x_2] = [x_0 + h, x_0 + 2h]$ mittels der (nun genäherten) Tangente

$$\varphi_2(x) = y_1 + f(x_1, y_1)(x - x_1) \quad (x_1 \leq x \leq x_1 + h).$$

In dieser Weise fährt man fort (auch nach links zu $x_{-1}, x_{-2}, \ldots$) und erhält als Näherungslösung den Streckenzug

$$\varphi(x) = \varphi_k(x) \text{ für } x \in J_k = [x_0 + (k-1)h; x_0 + kh] \quad (k = 0, \pm 1, \pm 2, \ldots)$$

den man als EULER-CAUCHY-Streckenzug bezeichnet.
Ein relativ genau arbeitendes Näherungsverfahren zur Lösung der Anfangswertaufgabe

$$y' = f(x, y); \quad y(x_0) = y_0$$

(allgemeine Voraussetzungen s. Abschn. 6.3.3) wird durch die Methode von RUNGE-KUTTA gegeben. Man verfährt dabei nach dem folgenden Schema.

- Zunächst berechnet man sukzessive (rekursiv) vier Zuwachs-Einflußgrößen k_1, k_2, k_3, k_4 mittels der Vorschriften ($h > 0$ ist die vorgegebene Schrittweite)

$$\begin{aligned} k_1 &:= hf(x_0, y_0) \\ k_2 &:= hf(x_0 + \tfrac{h}{2}, y_0 + \tfrac{k_1}{2}) \\ k_3 &:= hf(x_0 + \tfrac{h}{2}, y_0 + \tfrac{k_2}{2}) \\ k_4 &:= hf(x_0 + h, y_0 + k_3) \end{aligned}$$

- Danach bestimmt man den Näherungswert y_1 für den gesuchten Funktionswert $y(x_1) = y(x_0 + h)$ nach der Formel

$$y_1 = y_0 + \frac{1}{6}(k_1 + 2k_2 + 2k_3 + k_4).$$

- Anschließend setzt man, falls erforderlich, das Verfahren wie beschrieben mit den neuen Ausgangswerten x_1, y_1 (anstelle von x_0, y_0) fort und ermittelt einen Näherungswert für $y(x_2) = y(x_1 + h) = y(x_0 + 2h)$ etc.

Die Schrittweite $h > 0$ kann aber auch von Schritt zu Schritt neu gewählt werden und somit einer **Schrittweitensteuerung** unterliegen. Praktische Regeln zur Schrittweitensteuerung sind z.B.

- das Produkt hk_j soll von Schritt zu Schritt etwa konstant bleiben ($j = 1, 2, 3, 4$),

- zur Erreichung einer gewünschten Genauigkeit führe man die genannte Rechnung mit der halbierten Schrittweite als neuer Schrittweite durch und vergleiche die Ergebnisse.

- Als Faustregel gilt die folgende Verfahrensweise:

$$\begin{array}{lcl} (0.05 \leq hk_j \leq 0.15) & \Rightarrow & h \text{ beibehalten} \\ 0.15 < hk_j & \Rightarrow & h \text{ halbieren} \\ hk_j < 0.05 & \Rightarrow & h \text{ verdoppeln} \end{array}$$

Ihre hohe Effizienz verdankt die RUNGE-KUTTA-Methode der Übereinstimmung von Näherungswert und TAYLOR-Entwicklung (Taylorabgleich) bis zu Gliedern der Ordnung h^4 (vgl. [SK]). Das heißt, es gilt die Fehlerabschätzung (C unabhängig von h)

$$|y(x_0 + h) - y_1| \leq C|h|^5.$$

Erwähnt sei noch, daß sich die RUNGE-KUTTA-Methode auch auf die näherungsweise Lösung von Differentialgleichungssystemen übertragen läßt.

Beispiel 6.3 Gegeben sei die Anfangswertaufgabe

$$y' = x + y, \quad y(0) = 1.$$

Wir wählen $h = 0.1$ und erhalten mit $f(x,y) = x + y$

$$\begin{aligned} k_1 &= 0.1 \cdot (0+1) = 0.1 \\ k_2 &= 0.1 \cdot (0.05 + 1 + \frac{1}{2} \cdot 0.1) = 0.11 \\ k_3 &= 0.1 \cdot (0.05 + 1.055) = 0.1105 \\ k_4 &= 0.1 \cdot (0.1 + 1.1105) = 0.12105 \end{aligned}$$

und daraus den gesuchten Näherungswert

$$y_1 = y_0 + \frac{1}{6}(k_1 + 2k_2 + 2k_3 + k_4) = 1.0 + 0.11034167 = 1.11034167.$$

Zum Vergleich: Die exakte Lösung lautet $y(x) = 2e^x - x - 1$ und hat an der Stelle $x_1 = x_0 + h = 0.1$ den Wert $y(0.1) = 1.11034180$.

6.4 Differentialgleichungen der Gestalt $\mathbf{P(x,y) + Q(x,y)y' = 0}$

6.4.1 Exakte Differentialgleichungen

Häufig läßt sich eine gegebene Differentialgleichung auf die Form

$$P(x,y) + Q(x,y)y' = 0 \tag{6.13}$$

bringen, hierbei seien P bzw. Q stetig differenzierbare Funktionen in einem Gebiet $\mathcal{L}$ der x,y-Ebene:

$$P : \mathcal{L} \to \mathbf{R}, \; Q : \mathcal{L} \to \mathbf{R}.$$

Definition 6.2 *Man sagt, daß die Dgl. (6.13) eine* **exakte Differentialgleichung** *in $\mathcal{L}$ ist, wenn es eine in $\mathcal{L}$ stetig differenzierbare Funktion $\Phi : \mathcal{L} \to \mathbf{R}$ gibt, für die die Gleichungen*

$$\frac{\partial \Phi}{\partial x} = P(x,y), \quad \frac{\partial \Phi}{\partial y} = Q(x,y) \tag{6.14}$$

gelten.

Der Nutzen des Begriffs „exakte Differentialgleichung" liegt im einfachen Zugang zur Lösung. Gelten nämlich in $\mathcal{L}$ die Gleichungen (6.14), so kann die allgemeine Lösung der Dgl. (6.13) in der Form (Kurvenschar!)

$$\Phi(x,y) = C_0 \quad (C_0 \in \mathbf{R}, \text{Integrationskonstante}) \tag{6.15}$$

in impliziter Form angegeben werden. Ist nämlich $y = \varphi(x)$ eine (lokale) Auflösung der Gleichung (6.15) nach y; d.h., $\varphi : [x_0 - a, x_0 + a] \to \mathbf{R}$ ist eine stetig differenzierbare Funktion mit $\varphi(x_0) = y_0$, und es gelten somit die Gleichungen

$$\begin{aligned} &\Phi(x, \varphi(x)) = C_0 \\ \text{und} \quad &\Phi(x_0, y_0) = C_0, \end{aligned}$$

so folgt durch Differentiation nach x (Kettenregel)

$$\frac{\partial \Phi}{\partial x} + \frac{\partial \Phi}{\partial y} \cdot \varphi'(x) = 0$$

oder mit (6.14)

$$P(x, \varphi(x)) + Q(x, \varphi(x))\varphi'(x) = 0 \quad \text{in } J = [x_0 - a, x_0 + a]$$

(für ein gewisses $a > 0$); d.h., $y = \varphi(x)$ genügt tatsächlich der Dgl. (6.13) und der Anfangsbedingung $\varphi(x_0) = y_0$.

Wie stellt man fest, ob eine vorgelegte Dgl. der Form (6.13) eine exakte Dgl. ist?

Exaktheitskriterium. Das Gebiet $\mathcal{L} \subseteq \mathbf{R}^2$ sei **sternförmig** bezüglich eines seiner Punkte, d.h., es gibt einen Punkt $P_0 = (x_0, y_0) \in \mathcal{L}$, so daß die Verbindungsstrecke $[P', P_0]$ jedes anderen Punktes $p' \in \mathcal{L}$ mit P_0 ganz zu $\mathcal{L}$ gehört: $[P', P_0] \subseteq \mathcal{L}$ für alle $P' \in \mathcal{L}$ (s. Bild 24).

Weiter gelte in $\mathcal{L}$ überall die folgende Bedingung

$$\frac{\partial P}{\partial y}(x, y) = \frac{\partial Q}{\partial x}(x, y). \tag{6.16}$$

Dann ist die Dgl. (6.13) in $\mathcal{L}$ exakt.

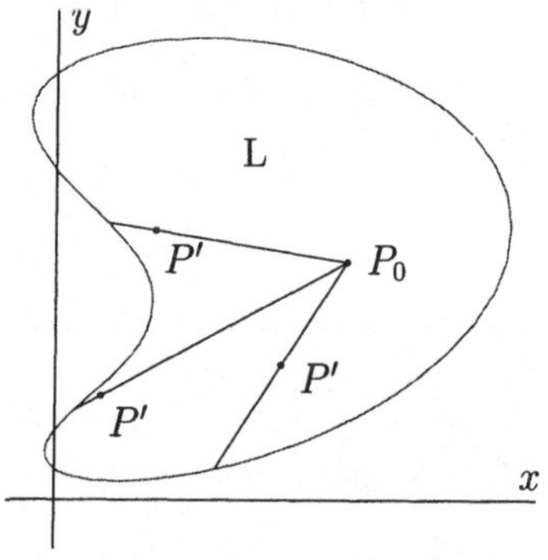

Bild 24: Sternförmiges Gebiet

Die praktische Ermittlung der Lösung, falls die **Bedingung** (6.16) in $\mathcal{L}$ erfüllt ist, geht von der Gleichung $\frac{\partial \Phi}{\partial x} = P(x, y)$ aus. Durch unbestimmte Integration bezüglich x erhält man

$$\Phi(x, y) = \int P(x, y) \mathrm{d}x + K(y), \tag{6.17}$$

denn die Integrationskonstante K wird im allgemeinen von der zweiten Variablen y abhängen: $K=K(y)$. Anschließende kontrollierende Differentiation von $\Phi(x,y)=\int P(x,y)\mathrm{d}x+K(y)$ nach y liefert einerseits

$$\frac{\partial\Phi}{\partial y}=\frac{\partial}{\partial y}\int P(x,y)\mathrm{d}x+K'(y)$$

und andererseits muß $\frac{\partial\Phi}{\partial y}=Q(x,y)$ gelten. Dies liefert die Gleichheit

$$\frac{\partial}{\partial y}\int P(x,y)\mathrm{d}x+K'(y)=Q(x,y),$$

aus der die Relation

$$K'(y)=Q(x,y)-\frac{\partial}{\partial y}\int P(x,y)\mathrm{d}x$$

folgt. Bei richtiger Rechnung hängt die rechte Seite nur von y ab und das noch fehlende $K(y)$ kann durch Integration bestimmt werden.

Beispiel 6.4 Gegeben ist die Differentialgleichung

$$y\mathrm{e}^{xy}+(x\mathrm{e}^{xy}+2y)y'=0,$$

also eine Dgl. der Form (6.12) mit

$$P(x,y)=y\mathrm{e}^{xy} \text{ und } Q(x,y)=x\mathrm{e}^{xy}+2y$$

mit dem Definitionsbereich $\mathcal{L}=\mathbf{R}^2$ (sternförmig bezüglich jedes seiner Punkte). Es gilt $\frac{\partial P}{\partial y}=(1+xy)\mathrm{e}^{xy}$ und $\frac{\partial Q}{\partial x}=(1+xy)\mathrm{e}^{xy}$; also ist das Exaktheitskriterium (6.16) erfüllt. Daher bilden wir

$$\Phi(x,y)=\int P(x,y)\mathrm{d}x+K(y)=\int y\mathrm{e}^{xy}\mathrm{d}x+K(y)=\mathrm{e}^{xy}+K(y)$$

und damit

$$\frac{\partial\Phi}{\partial y}=x\mathrm{e}^{xy}+K'(y)=Q(x,y)=x\mathrm{e}^{xy}+2y.$$

Dieser Vergleich liefert also tatsächlich ein nur von y abhängendes $K'(y)=2y$. Integration bezüglich y liefert $K(y)=y^2+C$ ($C\in\mathbf{R}$, Integrationskonstante). Insgesamt erhalten wir

$$\Phi(x,y)=\mathrm{e}^{xy}+y^2+C \quad ((x,y)\in\mathbf{R}^2)$$

und als Lösung der gegebenen Differentialgleichung die implizite Darstellung der Lösungkurven in der Form
$e^{xy} + y^2 + C = C_1$ (C_1 beliebige Integrationskonstante)
oder
$e^{xy}+y^2 = C_1-C = \tilde{C}$ ($\tilde{C}$ kann ebenfalls als eine beliebige Integrationskonstante gewählt werden).
Das heißt, alle Kurven $y = \varphi(x)$ in der (x, y)-Ebene, deren implizite Darstellung $e^{xy} + y^2 = \tilde{C}$ ($\tilde{C} \in \mathbf{R}$, fest) lautet, sind Lösungskurven der gegebenen Differentialgleichung.

6.4.2 Eulerscher Multiplikator

Ist eine Differentialgleichung der Form

$$P(x,y) + Q(x,y)y' = 0 \tag{6.18}$$

nicht exakt, so kann man versuchen, durch Multiplikation von (6.13) mit einem Faktor $M = M(x,y)$ eine exakte Differentialgleichung herzustellen, d.h. zur Differentialgleichung

$$M(x,y)P(x,y) + M(x,y)Q(x,y)y' = 0 \tag{6.19}$$

überzugehen. Der Faktor $M(x,y)$ heißt auch **Eulerscher Multiplikator.** Der Faktor $M(x, y)$ sei eine stetig differenzierbare Funktion. Die Lösungen der Dgl. (6.19) sind dann automatisch auch Lösungen der Dgl. (6.13).
Die abgeänderte Differentialgleichung (6.19) ist in einem (sternförmigen) Gebiet genau dann exakt, wenn die entsprechende Integrabiltiätsbedingung (vgl. (6.16))

$$\frac{\partial(MP)}{\partial y} = \frac{\partial(MQ)}{\partial x} \tag{6.20}$$

in $\mathcal{L}$ gilt. Durch zahlreiche Varianten für den Faktor M ist ein systematisches Probieren zur Erfüllung von (6.20) sinnvoll. Zum Beispiel kann man versuchen, die Bedingung (6.20) mit einem Faktor M, der nur von x oder nur von y abhängt, zu erfüllen.

6.5 Lineare Differentialgleichungen erster Ordnung

Definition 6.3 *Es seien $a_0, a_1, q : J \to \mathbf{R}$ stetige reellwertige Funktionen auf einem beschränkten, abgeschlossenen Intervall $J \subseteq \mathbf{R}$. Die Gleichung*

$$a_1(x)y' + a_0(x)y = q(x) \tag{6.21}$$

heißt dann eine lineare Differentialgleichung erster Ordnung mit den Koeffizienten a_0, a_1 und der rechten Seite (auch: „Störfunktion") q.
Ist $q(x) = 0$ für alle $x \in J$, so heißt die Dgl. (6.21) homogen, sonst inhomogen.

Wir betrachten zunächst die homogene Dgl. $a_1(x)y' + a_0(x)y = 0$ und setzen voraus, daß $a_1(x) \neq 0$ $(x \in J)$ gilt. Offensichtlich ist dies eine Dgl. mit trennbaren Variablen. Ihre Lösung erhält man sofort durch Integration in der Form

$$y = y(x) = C\mathrm{e}^{-\int \frac{a_0(x)}{a_1(x)}\mathrm{d}x} = C\exp\left(-\int \frac{a_0(x)}{a_1(x)}\mathrm{d}x\right) \quad (x \in J)$$

$C \in \mathbf{R}$, beliebig.
Stellt man für ein $x_0 \in J$ die Anfangsbedingung $y(x_0) = y_0$ ($y_0 \in \mathbf{R}$ sei ein gegebener Wert), so lautet die Lösung, die die Anfangsbedingung erfüllt, einfach

$$y(x) = y_0\exp\left(-\int_{x_0}^{x} \frac{a_0(t)}{a_1(t)}dt\right) \quad (x \in J).$$

Für die Lösung der inhomogenen Dgl. (6.21) setzen wir wiederum voraus, daß $a_1(x) \neq 0$ $(x \in J)$ gilt.
J. L. Lagrange (1736 - 1813, französischer Mathematiker) kam auf die Idee, die Lösung der inhomogenen Dgl. in der Gestalt eines Produkts

$$y(x) = C(x) \cdot \exp\left(-\int_{x_0}^{x} \frac{a_0(t)}{a_1(t)}\mathrm{d}t\right) \quad (x \in J) \tag{6.22}$$

zu finden, d.h. die Integrationskonstante C aus der allgemeinen Lösung der homogenen Dgl. einfach durch eine differenzierbare Funktion $C : J \to \mathbf{R}$ zu ersetzen. Das ist die Methode der „Variation der Konstanten". Durch Einsetzen des Ansatzes (6.22) in die Dgl. (6.21) gelangen wir zu der Gleichung

$$a_1(x)y' + a_0(x)y = a_1(x)\left[C'(x)\exp\left(-\int_{x_0}^{x} \frac{a_0(t)}{a_1(t)}\mathrm{d}t\right)\right.$$

$$+C(x)\left(-\frac{a_0(x)}{a_1(x)}\exp\left(-\int_{x_0}^{x}\frac{a_0(t)}{a_1(t)}\mathrm{d}t\right)\right)\Bigg] + a_0(x)C(x)\exp\left(-\int_{x_0}^{x}\frac{a_0(t)}{a_1(t)}\mathrm{d}t\right)$$

$$\underset{\text{Rechnung}}{=} a_1(x)\exp\left(-\int_{x_0}^{x}\frac{a_0(t)}{a_1(t)}\mathrm{d}t\right)C'(x) = q(x) \quad (x \in J).$$

Somit ergibt sich

$$C'(x) = \frac{q(x)}{a_1(x)}\exp\left(\int_{x_0}^{x}\frac{a_0(t)}{a_1(t)}\mathrm{d}t\right) \quad (x \in J)$$

für die erste Ableitung von C. Integration bezüglich x liefert die Funktion C bis auf eine additive Integrationskonstante $K \in \mathbf{R}$

$$C(x) = \int_{x_0}^{x}\frac{q(\xi)}{a_1(\xi)}\exp\left(\int_{x_0}^{\xi}\frac{a_0(t)}{a_1(t)}\mathrm{d}t\right)\mathrm{d}\xi + K \quad (x \in J)$$

und die Rückführung von $C(x)$ in den Ansatz (6.20) ergibt (als mögliche Lösung)

$$\begin{aligned} y(x) \;&=\; \int_{x_0}^{x}\frac{q(\xi)}{a_1(\xi)}\exp\left(\int_{x_0}^{\xi}\frac{a_0(t)}{a_1(t)}\mathrm{d}t\right)\mathrm{d}\xi\cdot\exp\left(-\int_{x_0}^{x}\frac{a_0(t)}{a_1(t)}\mathrm{d}t\right) + \\ &\quad + K\exp\left(-\int_{x_0}^{x}\frac{a_0(t)}{a_1(t)}\mathrm{d}t\right) \quad (x \in J). \end{aligned} \tag{6.23}$$

Die Anfangsbedingung $y(x_0) = y_0$ wird genau für den Wert $K = y_0$ erfüllt (wie man durch Einsetzen von $x = x_0$ in die Formel (6.23) sofort erkennt). Die Funktion

$$\begin{aligned} y(x) \;&=\; \int_{x_0}^{x}\frac{q(\xi)}{a_1(\xi)}\exp\left(\int_{x_0}^{\xi}\frac{a_0(t)}{a_1(t)}\mathrm{d}t\right)\mathrm{d}\xi\cdot\exp\left(-\int_{x_0}^{x}\frac{a_0(t)}{a_1(t)}\mathrm{d}t\right) + \\ &\quad + y_0\exp\left(-\int_{x_0}^{x}\frac{a_0(t)}{a_1(t)}\mathrm{d}t\right) \quad (x \in J) \end{aligned} \tag{6.24}$$

erfüllt die Differentialgleichung (6.20) und die Anfangsbedingung $y(x_0) = y_0$.

Wir schließen nun wie folgt. Das Einsetzen (die Probe) der Funktion in der Formel (6.23) rechts zeigt, daß diese Funktion die Dgl. (6.21) erfüllt und damit die Lösung ist (der Leser vollziehe dies nach!). Die „freie" Integrationskonstante K, die bei der Bestimmung der Funktion C auftritt, wird durch die Zusatzforderung (Anfangsbedingung $y(x_0) = y_0$ ($x_0 \in J, y_0 \in \mathbf{R}$ feste Werte) eindeutig festgelegt. Ist diese Zusatzforderung (Anfangsbedingung) erfüllt, so ist keine weitere Lösung der Dgl. (6.21) vorhanden, die ebenfalls diese Zusatzforderung

(Anfangsbedingung) erfüllt. Denn die Dgl. (6.21) können wir auch in der äquivalenten Form

$$y' = f(x, y) \quad (x \in J; y \in \mathbf{R})$$

schreiben, wobei

$$f(x, y) = -\frac{a_0(x)}{a_1(x)}y + \frac{q(x)}{a_1(x)} \quad (x \in J; y \in \mathbf{R})$$

gilt. In jedem abgeschlossenen, beschränkten Teilintervall von J genügt die damit entstandene gleichwertige Dgl.

$$y' = -\frac{a_0(x)}{a_1(x)}y + \frac{q(x)}{a_1(x)} \quad (x \in J)$$

den Voraussetzungen des Satzes von PICARD-LINDELÖF (Satz 6.2). Die Anwendung dieses Satzes garantiert die Einzigkeit der betrachteten Lösung. Daher stellt die Formel (6.23) tatsächlich die allgemeine Lösung der Dgl. (6.21) dar.

Die Lösungsformel (6.23) zeigt noch die folgende Eigenschaft, die allen linearen Aufgaben bzw. Gleichungen gemeinsam ist:
Setzt man für den Anfangswert y_0 den Wert 0 ein, so folgt $K = 0$, und wir erhalten als eine spezielle oder partikuläre Lösung der inhomogenen Dgl. (6.21) die Funktion

$$y_p(x) = \int_{x_0}^{x} \frac{q(\xi)}{a_1(\xi)} \exp\left(\int_{x_0}^{\xi} \frac{a_0(t)}{a_1(t)} \mathrm{d}t\right) \mathrm{d}\xi \cdot \exp\left(-\int_{x_0}^{x} \frac{a_0(t)}{a_1(t)} \mathrm{d}t\right) \quad (x \in J).$$

Der zweite Summand in der Formel (6.23), nämlich

$$y_h(x) = K \exp\left(-\int_{x_0}^{x} \frac{a_0(t)}{a_1(t)} \mathrm{d}t\right) \quad (x \in J)$$

stellt, wie oben bereits gezeigt, für beliebiges $K \in \mathbf{R}$ die allgemeine Lösung der **zugehörigen homogenen** Dgl. dar. Somit gilt für die allgemeine Lösung der inhomogenen Dgl. (6.21) die Gleichung

$$y(x) = y_p(x) + y_h(x) \quad (x \in J)$$

oder in Worten:

Die allgemeine Lösung der inhomogenen Dgl. (6.21) setzt sich additiv zusammen aus einer speziellen - oder partikulären - Lösung y_p der inhomogenen Dgl. (6.21) und der allgemeinen Lösung y_h der zugehörigen homogenen Dgl.

Als **Beispiel** betrachten wir den bereits eingeführten Stromkreis mit Induktivität und Widerstand.

Beispiel 6.5 (Stromkreis mit Induktivität und Ohmschem Widerstand)
Es gilt die Differentialgleichung für die gesuchte Funktion $I = I(t)$ (Stromverlauf)

$$L\frac{dI}{dt} + RI = E_0 \sin \omega t$$

($t \in \mathbf{R}$ ist die unabhängige Variable, $L > 0, R > 0, E_0 > 0, \omega > 0$ sind gegebene Konstanten). Die Anfangsbedingung laute $I(0) = I_0$.

Wir wiederholen das zuvor erläuterte allgemeine Vorgehen an diesem Beispiel. Die zugehörige homogene Dgl. lautet

$$L\frac{\mathrm{d}I}{\mathrm{d}t} + RI = 0$$

und hat die Lösung (Trennung der Variablen)

$$I_h(t) = C \cdot \mathrm{e}^{-\frac{R}{L}t} \quad (t \in \mathbf{R}).$$

Der Ansatz (Variation der Konstanten) für die Lösung der inhomogenen Dgl. lautet

$$I(t) = C(t)\mathrm{e}^{-\frac{R}{L}t} \quad (t \in \mathbf{R}).$$

Er wird in die inhomogene Dgl. (oben) eingesetzt; dies ergibt die Gleichung

$$L\frac{\mathrm{d}I}{\mathrm{d}t} + RI = L\left(C'(t) \cdot \mathrm{e}^{-\frac{R}{L}t} - \frac{R}{L}\mathrm{e}^{-\frac{R}{L}t} \cdot C\right) + R \cdot C \cdot \mathrm{e}^{-\frac{R}{L}t}$$

$$= L\mathrm{e}^{-\frac{R}{L}t}C'(t) \underset{\text{Dgl.}}{=} E_0 \sin \omega t \quad (t \in \mathbf{R}).$$

Folglich ist

$$C'(t) = \frac{E_0}{L}\mathrm{e}^{\frac{R}{L}t} \sin \omega t,$$

und damit folgt durch Integration

$$C(t) = \frac{E_0}{L}\int_0^t \mathrm{e}^{\frac{R}{L}\tau} \sin \omega\tau \mathrm{d}\tau + K.$$

Die Ausführung der Integration (partielle Integration oder Computeranwendung) liefert ($t \in \mathbf{R}$)

$$C(t) = \frac{E_0}{R^2 + \omega^2 L^2}\{(R\sin\omega t - \omega L\cos\omega t)\mathrm{e}^{\frac{R}{L}t} + \omega L\} + K,$$

und durch Zurückführung in den Ansatz erhalten wir schließlich die allgemeine Lösung ($t \in \mathbf{R}$)

$$I(t) = \frac{E_0}{R^2 + \omega^2 L^2}\{R\sin\omega t - \omega L\cos\omega t + \omega L\mathrm{e}^{-\frac{R}{L}t}\} + K\mathrm{e}^{-\frac{R}{L}t}.$$

Durch Einsetzen von $t = 0$ erkennen wir die Gleichheit $I(0) = K$, d.h., durch die Vorgabe von $I(0)$ ist K eindeutig bestimmt $K = I_0$. In der obigen Formel ist die additive Zerlegung von $I(t)$ in eine spezielle Lösung der inhomogenen Dgl. und die allgemeine Lösung der homogenen Dgl. offensichtlich.
Sinnvoll ist bei diesem Beispiel aber noch eine weitere additive Zerlegung, nämlich die Aufspaltung in einen mit der Periode $T = \frac{2\pi}{\omega}$ periodischen Lösungsanteil:

$$I_s(t) = \frac{E_0}{R^2 + \omega^2 L^2}\{R\sin\omega t - \omega L\cos\omega t\} \quad (t \in \mathbf{R})$$

und einen Anteil, der für $t \to +\infty$ gegen Null geht:

$$I_a(t) = \left(\frac{E_0\omega L}{R^2 + \omega^2 L^2} + I_0\right)\mathrm{e}^{-\frac{R}{L}t} \quad (t \in \mathbf{R})$$

mit

$$\lim_{t\to+\infty} I_a(t) = 0 \text{ und } I_0 = I(0).$$

Durch Einführung der Amplitute $J_0 = \frac{E_0}{\sqrt{R^2+\omega^2L^2}}$ und des Phasenwinkels $\varphi = \arctan\frac{\omega L}{R}$ kann die Lösung auch in der Form (Additionstheorem für die Sinusfunktion beachten)

$$I(t) = I_s(t) + I_a(t) = J_0\sin(\omega t - \varphi) + \left(\frac{E_0\omega L}{R^2 + \omega^2 L^2} + I_0\right)\mathrm{e}^{-\frac{R}{L}t} \quad (t \in \mathbf{R})$$

geschrieben werden. Die Lösung zerlegt sich also in einen Anteil $I_s(t)$, der als phasenverschobener elektrischer Wechselstrom interpretiert werden kann (aber die gleiche Periode wie die aufgeprägte Wechselspannung besitzt) und einen für $t \to +\infty$ (rasch!) gegen Null gehenden „Einschaltstrom" (letztere Interpretation hat nur Sinn, wenn ausschließlich der Verlauf von $I(t)$ für $t \geq 0$ betrachtet wird).

6.6 Spezielle Integrationsmethoden für Differentialgleichungen zweiter Ordnung

Zahlreiche Anwendungen ergeben bei der mathematischen Modellierung gewöhnliche Differentialgleichungen zweiter Ordnung mit einer speziellen Struktur. Genannt seien:

- die Differentialgleichung der elastischen Linie
- die Differentialgleichung für die Stabknickung
- die Gleichgewichtskurve eines Seiles
- die Bewegungsdifferentialgleichung des mathematischen Pendels (Pendelgleichung)
- allgemeine nichtlineare mechanische Systeme.

In diesen Beispielen treten Differentialgleichungen u.a. von folgender Gestalt auf

$$\begin{array}{llll} \text{(i)} & y'' = f(y) & \text{für} & y = y(x); \\ \text{(ii)} & y'' = f(y, y') & \text{für} & y = y(x); \\ \text{(iii)} & y'' = f(x, y') & \text{für} & y = y(x). \end{array}$$

Wir diskutieren für diese drei Fälle die zugehörigen Integrationsmethoden.
Fall (i). Verwendet wird die sogenannte Energiemethode. Man multipliziert beide Seiten der Dgl. (i) mit y', erhält

$$y''y' = f(y)y'$$

und berücksichtigt, daß die linke Seite $y''y'$ (nach der Kettenregel) gerade die Ableitung der Funktion $\frac{1}{2}(y')^2$ ist. Denn es gilt (Kettenregel!)

$$\frac{\mathrm{d}}{\mathrm{d}x}\left(\frac{1}{2}(y')^2\right) = \frac{1}{2} \cdot 2 \cdot y' \cdot y'' = y' \cdot y''.$$

Die rechte Seite $f(y)y'$ kann ebenfalls als Ableitung aufgefaßt werden, falls eine Stammfunktion F (ein unbestimmtes Integral) von $f(y)$ bekannt ist (bzw. ermittelt werden kann); d.h., eine Funktion $F(y)$ mit $F'(y) = f(y)$. Dann gilt nämlich (wegen $y = y(x)$) nach der Kettenregel

$$\frac{\mathrm{d}}{\mathrm{d}x}F(y) = F'(y)\frac{\mathrm{d}y}{\mathrm{d}x} = f(y)y'.$$

Es können dann beide Seiten der Dgl. $y''y' = f(y)y'$ als Ableitungen aufgefaßt werden, also kann man direkt einmal integrieren (das Integral über die Ableitung einer Funktion ergibt diese Funktion + Integrationskonstante) und erhält

$$\frac{1}{2}(y')^2 = F(y) + C,$$

d.h. eine Dgl. erster Ordnung. Ist $F(y) + C \geq 0$, folgt weiter

$$y' = \pm\sqrt{2(F(y) + C)},$$

eine Dgl. erster Ordnung vom Typ TdV. Die Trennung der Variablen liefert (vgl. 6.3.1)

$$\frac{y'\mathrm{d}x}{\pm\sqrt{2(F(y) + C)}} = 1 \cdot \mathrm{d}x$$

oder, nach Integration ($y'\mathrm{d}x = \mathrm{d}y$)

$$\pm\int \frac{\mathrm{d}y}{\sqrt{2(F(y) + C)}} = x + K,$$

also die Lösung in der Form $x = x(y)$ mit zwei Integrationskonstanten, die durch Anpassung an die Anfangs- bzw. Randbedingungen bestimmt werden können. In Sonderfällen kann man durch Auflösen die gesuchte Lösung in der Form $y = y(x)$ erhalten. Dies trifft z.B. für die Pendelgleichung $y'' + \omega^2 \sin y = 0$ (ω konstant) zu, deren Lösungen explizit mittels sogenannter elliptischer Funktionen (s. [V]) dargestellt werden können.

Fall (ii). Hier substituiert man $y' = p(y)$ für die gesuchte Lösung $y = y(x)$. Die Kettenregel ergibt

$$y'' = \frac{\mathrm{d}}{\mathrm{d}x}p(y) = p'(y) \cdot \frac{\mathrm{d}y}{\mathrm{d}x} = p'(y)y' = p'p.$$

Die gegebene Dgl. kann daher in der Form

$$p'p = f(y, p)$$

geschrieben werden und ist nun eine Dgl. erster Ordnung für $p = p(y)$. Ist deren Lösung bekannt, so kann die gesuchte Lösung y mit der Methode der Trennung der Variablen aus $y' = p(y)$ ermittelt werden. Für $p(y) \neq 0$ folgt einfach

$$\frac{y'\mathrm{d}x}{p(y)} = \mathrm{d}x$$

oder nach Integration

$$\int \frac{\mathrm{d}y}{p(y)} = x + K \quad (K: \text{ Integrationskonstante}),$$

d.h. die Lösung in der Form $x = x(y)$. Man beachte, daß bereits die Lösung $p(y)$ eine Integrationskonstante enthalten muß, so daß insgesamt zwei beliebige Konstanten in die allgemeine Lösung eingehen.

Fall (iii). Hier setzt man einfach $y'(x) =: z(x)$ und erhält wegen $z'(x) = y''(x)$ eine Dgl. erster Ordnung für $z(x)$, nämlich

$$z'(x) = f(x, z),$$

die mittels der Methoden für die Dgln. erster Ordnung (s. oben) gelöst werden muß (gegebenenfalls näherungsweise). Ist die Lösung dieser Dgl. erster Ordnung bekannt, folgt die gesuchte Lösung $y = y(x)$ einfach durch Integration $y(x) = \int z(x)\mathrm{d}x$.

6.7 Lineare Differentialgleichungen n-ter Ordnung

Die weitaus wichtigsten und am häufigsten für mathematische Modelle des Bauwesens benutzten Differentialgleichungen sind die linearen Differentialgleichungen n-ter Ordnung. Wir stellen sie zunächst in einer allgemeinen Definition und später an Beispielen vor.

Definition 6.4 *Es seien $a_0, a_1, \ldots, a_n$ und q stetige reellwertige Funktionen, die auf einem Intervall $J \subseteq \mathbf{R}$ definiert sind. Zusätzlich gelte $a_n(x) \neq 0$ für mindestens ein $x \in J$. Die Gleichung*

$$a_n(x)y^{(n)} + a_{n-1}(x)y^{(n-1)} + \cdots + a_1(x)y' + a_0(x)y = q(x) \tag{6.25}$$

heißt **lineare Differentialgleichung n-ter Ordnung** *mit den* **Koeffizienten***(-funktionen) a_j $(j = 0, \ldots, n)$ und der rechten Seite oder* **Störfunktion** *q. Ist $q(x) = 0$ für alle $x \in J$, so heißt die Differentialgleichung (6.25)* **homogen,** *sonst* **inhomogen.**

Die linke Seite der Dgl. (6.25) schreiben wir auch als **linearen Differentialoperator n-ter Ordnung**

$$L_n[y] = \sum_{k=0}^{n} a_k(x)y^{(k)}(x) \quad (x \in J) \text{ mit } (y^{(0)}(x) := y(x)).$$

6.7.1 Basisbegriff. Lösungsstruktur

Lineare Abhängigkeit bzw. Unabhängigkeit einer Funktionenmenge.

Definition 6.5 *Es sei $m \in \mathbf{N}$ und es seien $u_1, u_2, \ldots, u_m$ auf dem Intervall J definierte reellwertige Funktionen, $u_j(x) : J \to \mathbf{R}$ $(j = 1, \ldots, m)$. Wir sagen: die Funktionen $u_1, \ldots, u_m$ sind linear unabhängig (genauer: linear unabhängig auf J), wenn die Gleichung für reelle Zahlen $c_1, \ldots, c_m$*

$$\sum_{j=1}^{m} c_j u_j(x) = c_1 u_1(x) + c_2 u_2(x) + \cdots + c_m u_m(x) = 0 \text{ für alle } x \in J$$

nur bestehen kann, wenn alle c_j null sind; $c_j = 0$ $(j = 1, \ldots, m)$. Anderenfalls heißen die Funktionen $u_1, \ldots, u_m$ linear abhängig (auf J).

Anmerkung zur Definition 6.5. Die Funktionen $u_1, \ldots, u_m$ sind also genau dann auf J linear abhängig, wenn es reelle Zahlen $c_1, \ldots, c_m$ mit $\sum_{j=1}^{m} |c_j| > 0$ gibt, so daß die Gleichung (Abhängigkeitsrelation) $\sum_{j=1}^{m} c_j u_j(x) = 0$ für alle $x \in J$ gilt. Man kann daher in diesem Fall mindestens eine der Funktionen u_j als eine Linearkombination der restlichen Funktionen darstellen (indem man die letztere Gleichung nach einer der Funktionen u_k umstellt, die einen von Null verschiedenen Koeffizienten c_k besitzt) oder eine der Funktionen u_j selbst ist identisch null.

Beispiel 6.6 Es sei $m = 2$, $J = [0, 2\pi]$ und $u_1(x) = \cos x$, $u_2(x) = \sin x$ $(x \in [0, 2\pi])$. Dann sind u_1 und u_2 linear unabhängig. Zur Begründung gehen wir von der Gleichung

$$c_1 u_1(x) + c_2 u_2(x) = 0 \quad (x \in [0, 2\pi])$$

aus, d.h.,

$$c_1 \cos x + c_2 \sin x = 0 \quad (x \in [0, 2\pi])$$

und differenzieren diese Gleichung nach x. Wir erhalten

$$-c_1 \sin x + c_2 \cos x = 0 \quad (x \in [0, 2\pi]).$$

Diese und die vorhergehende Gleichung bilden zusammen ein lineares homogenes Gleichungssystem für die Werte c_1, c_2 mit der Koeffizientenmatrix

$$\mathbf{A} = \begin{bmatrix} \cos x & \sin x \\ -\sin x & \cos x \end{bmatrix},$$

deren Determinante $\det \mathbf{A} = \cos^2 x + \sin^2 x = 1$ stets von Null verschieden ist. Bekanntlich gilt dann $c_1 = c_2 = 0$, womit die lineare Unabhängigkeit von u_1 und u_2 nachgewiesen ist.

Die Verfahrensweise zum Nachweis der linearen Unabhängigkeit, die in obigem Beispiel zum Ziel führte, liefert auch den Einstieg zur allgemeinen Situation. Dazu führen wir die sog. WRONSKI-Determinante eines endlichen Funktionensystems ein. (J. HOENE-WRONSKI, polnischer Mathematiker).

Definition 6.6 *Es seien $u_j : J \to \mathbf{R}$ $(j = 1, \ldots, n)$ reellwertige, auf einem Intervall $J \subseteq \mathbf{R}$ erklärte Funktionen, die dort $(n-1)$-mal stetig differenzierbar sind. Die durch die Gleichung*

$$W(x) := \begin{vmatrix} u_1(x) & \cdots & u_n(x) \\ u_1'(x) & \cdots & u_n'(x) \\ & \cdots & \\ u_1^{(n-1)}(x) & \cdots & u_n^{(n-1)}(x) \end{vmatrix} = \det \left[u_k^{(j-1)}(x) \right]_{j,k=1(1)n} \tag{6.26}$$

$(x \in J)$ erklärte Determinante heißt WRONSKI-*Determinante des Funktionensystems $\{u_1, u_2, \ldots, u_n\}$.*

Satz 6.3 *Es seien $u_j : J \to \mathbf{R}$ $(j = 1, \ldots, n)$ reellwertige, auf dem Intervall $J \subseteq \mathbf{R}$ erklärte, $(n-1)$-mal stetig differenzierbare Funktionen. Sind diese Funktionen $u_1, \ldots, u_n$ linear abhängig, so gilt die Gleichung*

$$W(x) = 0 \quad (x \in J).$$

Bemerkung Der Satz zeigt, daß die folgende Bedingung: „Es existiert (mindestens) ein $x_0 \in J$ mit $W(x_0) \neq 0$" **eine hinreichende Bedingung dafür ist, daß die Funktionen $\mathbf{u_1, \ldots, u_n}$ unter den Voraussetzungen des Satzes linear unabhängig sind.** Einfache Beispiele zeigen, daß die Umkehrung des obigen Satzes nicht zutrifft.

Satz 6.4 *Es sei $J \subseteq \mathbf{R}$ ein kompaktes Intervall. Der lineare Differentialoperator $L_n[y] = \sum\limits_{k=0}^{n} a_k y^{(k)}$ genüge den eingangs dieses Abschnitts getroffenen Voraussetzungen und es gelte $a_n(x) \neq 0$ $(x \in J)$. Dann besitzt die homogene Dgl.*

$L_n[y] = 0$ stets eine Basis oder ein „Fundamentalsystem" $u_1, \dots, u_n : J \to \mathbf{R}$ von Lösungen, d.h., jede Lösung der homogenen Dgl. $L_n[y] = 0$ hat die Gestalt

$$y(x) = C_1 u_1(x) + C_2 u_2(x) + \cdots + C_n u_n(x) \quad (x \in J)$$

also

$$y = \sum_{k=1}^{n} C_k u_k$$

mit (reellen) Konstanten $C_k \in \mathbf{R}$ $(k = 1, \dots, n)$.
Für $C_1 = C_2 = \cdots = C_n = 0$ erhalten wir die triviale Lösung $y(x) = 0$ $(x \in J)$.

Satz 6.5 *Der Differentialoperator $L_n[y]$ und die rechte Seite $q(x)$ seien (mit den eingangs getroffenen Vorausetzungen) gegeben. Es sei $y_p(x)$ eine spezielle Lösung der inhomogenen Dgl., es gilt also*

$$L_n[y_p] = q(x).$$

Dann hat jede Lösung der inhomogenen Dgl. die Gestalt

$$y(x) = y_p(x) + y_h(x),$$

wobei $y_h(x)$ eine beliebige (oder: die allgemeine) Lösung der zugehörigen homogenen Dgl. $L_n[y] = 0$ bezeichnet.

Beweis. Es gelte $L_n[y] = q(x)$. Wir setzen $y_0(x) = y(x) - y_p(x)$ und erhalten $y(x) = y_p(x) + y_0(x)$. Wegen der Linearität von $L_n[y]$ ist $L_n[y_0] = L_n[y - y_p] = L_n[y] - L_n[y_p] = q(x) - q(x) = 0$. Ist andererseits $y(x) = y_p(x) + y_h(x)$, so folgt $L_n[y] = L_n[y_p] + L_n[y_h] = q(x) + 0 = q(x)$. Damit ist die im Satz genannte Lösungsstruktur nachgewiesen.

Anmerkung. Der Inhalt des obigen Satzes 6.5 wird traditionell wie folgt verbal formuliert: „Die allgemeine Lösung der inhomogenen Dgl. n-ter Ordnung setzt sich additiv zusammen aus einer speziellen Lösung der inhomogenen Dgl. und der allgemeinen Lösung der zugehörigen homogenen Dgl."

Zu klären ist noch die Frage, ob man für jede stetige rechte Seite q tatsächlich die Existenz einer speziellen Lösung der inhomogenen Dgl. $L_n[y] = q$ nachweisen kann. Daß dies zutrifft, ergibt sich als Folgerung aus der Theorie der linearen Differentialgleichungssysteme.
Man hat daher zur praktischen Ermittlung der allgemeinen Lösung einer inhomogenen linearen Dgl. $L_n[y] = q$ zwei Aufgaben zu erledigen:

- Bestimmung einer Basis (eines Fundamentalsystems), das heißt eines Systems von n linear unabhängigen Lösungen der homogenen Dgl.
- Ermittlung einer speziellen (partikulären) Lösung der vorliegenden inhomogenen Dgl.

6.7.2 Lösungsverfahren für den Fall konstanter Koeffizienten

Wir behandeln zunächst die **homogene lineare Differentialgleichung**

$$L_n[y] := \sum_{k=0}^{n} a_k y^{(k)}(x) = 0 \quad (x \in \mathbf{R})$$

(a_k reelle Zahlen, $a_n \neq 0$); $y^{(0)}(x) = y(x); y^{(1)}(x) = y'(x)$ usw. Ihre Lösung erschließt sich über den **Ansatz** $y(x) = \mathrm{e}^{\lambda x}$, λ eine reelle oder komplexe Zahl. Bilden wir von dieser Funktion alle Ableitungen bis zur Ordnung $n : y^{(0)}(x) = \mathrm{e}^{\lambda x}, y'(x) = \lambda\mathrm{e}^{\lambda x}, y''(x) = \lambda^2\mathrm{e}^{\lambda x}, \dots, y^{(n)}(x) = \lambda^n\mathrm{e}^{\lambda x}$ (Kettenregel!) und setzen diese in den Differentialausdruck $L_n[y]$ ein, so können wir in der entstehenden Summe überall den Faktor $\mathrm{e}^{\lambda x}$ ausklammern und erhalten

$$L_n[\mathrm{e}^{\lambda x}] = \mathrm{e}^{\lambda x} \sum_{k=0}^{n} a_k \lambda^k = \mathrm{e}^{\lambda x} \cdot P_n(\lambda),$$

wobei $P_n(\lambda)$ das sog. **charakteristische Polynom** der gebenen linearen Differentialgleichung mit konstanten Koeffizienten bezeichnet:

$$P_n(\lambda) := \sum_{k=0}^{n} a_k \lambda^k = a_0 + a_1\lambda + a_2\lambda^2 + \cdots + a_n\lambda^n.$$

Soll $y(x) = \mathrm{e}^{\lambda x}$ Lösung der homogenen Differentialgleichung sein, so muß $L_n[\mathrm{e}^{\lambda x}] = \mathrm{e}^{\lambda x} \cdot P_n(\lambda) = 0$ gelten oder (da $\mathrm{e}^{\lambda x}$ nie gleich Null wird) die Gleichung

$$P_n(\lambda) = 0$$

bestehen. Dies bedeutet aber, daß die Zahl λ notwendig eine Nullstelle des Polynoms P_n sein muß. Ist λ eine solche Nullstelle, dann ist die Funktion $y(x) = \mathrm{e}^{\lambda x}$ eine Lösung der homogenen Differentialgleichung $L_n[y] = 0$.
Die vollständige Übersicht über alle Nullstellen des Polynoms $P_n[\lambda]$ liefert der Fundamentalsatz der Algebra. Er sagt aus (s. Abschnitt 2.4), daß $P_n(\lambda)$ genau n Nullstellen in der Menge $\mathbb{C}$ der komplexen Zahlen hat, wobei jede Nullstelle

entsprechend ihrer Vielfachheit gezählt wird. Sind $\lambda_1, \ldots, \lambda_r$ die **verschiedenen** Nullstellen von $P_n(\lambda)$ mit den jeweiligen Vielfachheiten $n_1, \ldots, n_r$, so gilt also

$$n = n_1 + n_2 + \cdots + n_r.$$

Jede Nullstelle λ_j von $P_n(\lambda)$ verursacht einen Anteil von linear unabhängigen Lösungsfunktionen im Fundamentalsystem von Lösungen der homogenen Differentialgleichung, d.h. in der Basis. Ist λ_k eine n_k-fache Nullstelle von $P_n(\lambda)$, so trägt diese Nullstelle mit den genau n_k Funktionen

$$y_{k1}(x) = \mathrm{e}^{\lambda_k x},\ y_{k2}(x) = x\mathrm{e}^{\lambda_k x}, \ldots, y_{kn_k}(x) = x^{(n_k-1)}\mathrm{e}^{\lambda_k x}$$

zur Basis von Lösungen der homogenen Differentialgleichung bei. Dabei kann es selbstverständlich vorkommen, daß die Nullstelle λ_k eine komplexe Zahl ist. Sind die Koeffizienten a_k (so wie wir es vorausgesetzt haben) alle reell, so ist (s. Abschnitt 2.4) auch die konjugiert-komplexe Zahl λ_k^* (oder $\overline{\lambda_k}$) eine Nullstelle von $P_n(\lambda)$ und zwar mit der gleichen Vielfachheit. Also, ist $\lambda_k = \sigma_k + \mathrm{i}\tau_k$ eine m-fache Nullstelle, so ist auch $\lambda_k^* = \sigma_k - \mathrm{i}\tau_k$ eine m-fache Nullstelle. Beide Nullstellen tragen bei zu einer **reellen** Basis mit den Funktionen ($2m$ Stück)

$$y_{k1}(x) = \mathrm{e}^{\sigma_k x}\cos(\tau_k x), y_{k2}(x) = x\mathrm{e}^{\sigma_k x}\cos(\tau_k x), \ldots, y_{km}(x) = x^{m-1}\mathrm{e}^{\sigma_k x}\cos(\tau_k x)$$

sowie

$$\widetilde{y_{k1}}(x) = \mathrm{e}^{\sigma_k x}\sin(\tau_k x), \widetilde{y_{k2}}(x) = x\mathrm{e}^{\sigma_k x}\sin(\tau_k x), \ldots, \widetilde{y_{km}}(x) = x^{m-1}\mathrm{e}^{\sigma_k x}\sin(\tau_k x).$$

So wird mit jeder Nullstelle von $P_n(\lambda)$ verfahren.

Damit läßt sich für jede homogene lineare Dgl. n-ter Ordnung mit konstanten Koeffizienten die zugehörige Basis von Lösungen $y_1(x), \ldots, y_n(x)$ aufstellen. Die allgemeine Lösung dieser homogenen Dgl. lautet dann („h" für homogen):

$$y_h(x) = \sum_{k=1}^{n} C_k y_k(x) \quad (C_k \text{ Konstante, beliebig}).$$

Für die Lösung einer inhomogenen linearen Differentialgleichung n-ter Ordnung mit konstanten Koeffizienten benutzt man die Methode der „Variation der Konstanten" oder spezielle Ansätze zur Bestimmung einer partikulären Lösung $y_p(x)$. Letzteres ist sinnvoll, wenn die Störfunktion $q(x)$ in der inhomogenen Dgl.

$$L_n[y] = q(x)$$

ein sogenanntes **Quasipolynom** ist, d.h. die Form

$$q(x) = \mathrm{e}^{\alpha x} \sum_{j=0}^{m} a_j x^j$$

hat (a_j reell, α reell oder komplex). Der zugehörige Lösungsansatz für eine partikuläre Lösung der inhomogenen Dgl. $L_n[y] = q(x)$ lautet dann:

$$y_p(x) = \mathrm{e}^{\alpha x} \sum_{j=0}^{m} A_j x^j,$$ falls α **keine** Nullstelle des charakteristischen Polynoms $P_n(\lambda)$ ist, also $P_n(\alpha) \neq 0$ gilt;

bzw.

$$y_p(x) = x^s \mathrm{e}^{\alpha x} \sum_{j=0}^{m} A_j x^j,$$ falls α **eine** genau **s-fache** Nullstelle von $P_n(\lambda)$ ist, d.h., es gilt $P_n(\lambda) = B(\lambda - \alpha)^s Q_{n-s}(\lambda)$ mit $Q_{n-s}(\alpha) \neq 0, B \in \mathbf{R}$ konstant **oder** mittels der Ableitungen von $P_n(\lambda)$ formuliert: $P_n(\alpha) = 0, P_n'(\alpha) = 0, \ldots, P_n^{(s-1)}(\alpha) = 0$, $P_n^{(s)}(\alpha) \neq 0$. Diese Situation bezeichnet man auch als den **Resonanzfall.**

Ist $q(x)$ gleich der Summe mehrerer Quasipolynome, dann führt auch ein entsprechender Summenansatz für $y_p(x)$ zum Ziel.

Hat man eine partikuläre Lösung $y_p(x)$ der inhomogene Dgl. $L_n[y] = q(x)$ gefunden (also entweder durch VdK oder speziellen Ansatz), so hat man die allgemeine Lösung $y(x)$ der inhomogenen Dgl. zur Verfügung

$$y(x) = y_p(x) + \sum_{k=1}^{n} C_k y_k(x) \qquad (C_k \text{ Konstante, beliebig}).$$

Wir erläutern dieses Lösungsverfahren an mehreren Beispielen.

Beispiel 6.7 Bei K. BEYER[1]) findet sich das folgende Beispiel. Gesucht ist die Mittelkraftlinie eines Bogenträgers (s. Bild 25). Diese genügt bei der Darstellung als Kurve $y = y(x)$ der Differentialgleichung (s. [25] S. 95 Formel (132))

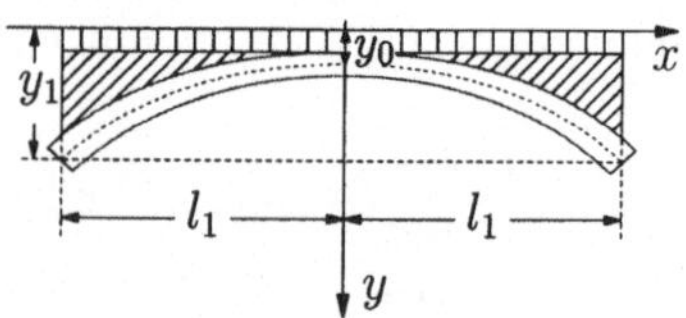

Bild 25: Bogenträger

$$\frac{\mathrm{d}^2 y}{\mathrm{d}x^2} = \frac{\gamma y}{H}, \quad (\gamma > 0, H > 0 \text{ Konstante}, \; -l_1 \leq x \leq l_1)$$

[1]) K. Beyer: Technische Mechanik für Bauingenieure S. Hirzel-Verlag Leipzig 1954.

und der (Anfangs-) Bedingung:

Für $x = 0$ gilt $y' = 0$ und $y = y_0 > 0$. Mit der Abkürzung $a = \frac{\gamma}{H}$ $(a > 0)$ lautet die obige Differentialgleichung

$$y'' = ay,$$

ist also vom oben behandelten Typ

$$y'' - ay = 0.$$

Die charakteristische Gleichung lautet daher

$$P_2(\lambda) := \lambda^2 - a = 0$$

und hat die einfachen reellen Wurzeln $\lambda_1 = \sqrt{a}$, $\lambda_2 = -\sqrt{a}$ als Lösungen.

Die allgemeine Lösung der obigen Dgl. lautet somit

$$y(x) = C_1 e^{\sqrt{a}x} + C_2 e^{-\sqrt{a}x},$$

und es gilt $(C_1, C_2$ Konstanten$)$

$$y'(x) = C_1\sqrt{a}e^{\sqrt{a}x} - C_2\sqrt{a}e^{-\sqrt{a}x}.$$

Das Einarbeiten der Anfangsbedingung ergibt folgende Gleichungen

$$\begin{aligned} y(0) &= y_0 = C_1 + C_2 \\ y'(0) &= 0 = C_1\sqrt{a} - C_2\sqrt{a} = \sqrt{a}(C_1 - C_2). \end{aligned}$$

Aus diesen Gleichungen folgt unmittelbar $C_1 = C_2 = \frac{y_0}{2}$. Somit wird

$$y(x) = \frac{y_0}{2}\left(e^{\sqrt{a}x} + e^{-\sqrt{a}x}\right) = y_0 \cosh \sqrt{a}x$$

oder (s.o. für den Wert von a)

$$y(x) = y_0 \cosh\left(\sqrt{\frac{\gamma}{H}}x\right) \quad (-l_1 \leq x \leq l_1)$$

Damit kann z.B. die waagerechte Auflagekraft H am Kämpfer ermittelt werden, wenn die dortige Durchbiegung $y_1 = y(l_1)$ bekannt ist (s. Bild 25).

Beispiel 6.8 Zu lösen ist die inhomogene Differentialgleichung zweiter Ordnung $y'' - 5y' + 4y = 4x^2e^{2x}$.

Das charakteristische Polynom lautet $P_2(\lambda) = \lambda^2 - 5\lambda + 4$ und hat die einfachen Nullstellen (! quadratische Gleichung) $\lambda_1 = 1,\ \lambda_2 = 4$; die rechte Seite der Dgl. ist ein Quasipolynom zweiten Grades mit dem Exponentialfaktor $e^{2x} = e^{\alpha x}$ mit $\alpha = 2$. Da $\alpha = 2$ **keine** Nullstelle des charakteristischen Polynoms ist, liegt **kein** Resonanzfall vor. Daher ist für eine partikuläre Lösung $y_p(x)$ der inhomogenen Dgl. der folgende Ansatz zu formulieren:

$$y_p(x) = (B_0 + B_1 x + B_2 x^2)e^{2x},$$

B_0, B_1, B_2 gesucht. Wir benutzen eine schematische Anordnung

Ableitungen	Anteil-faktoren
$y_p(x) = (B_0 + B_1 x + B_2 x^2)e^{2x}$	4
$y_p'(x) = (2B_0 + B_1 + (2B_1 + 2B_2)x + 2B_2 x^2)e^{2x}$	-5
$y_p''(x) = (4B_0 + 4B_1 + 2B_2 + (4B_1 + 8B_2)x + 4B_2 x^2)e^{2x}$	1
Zusammenfassung	$q(x)$
$y_p'' - 5y_p' + 4y_p = [-2B_0 - B_1 + 2B_2 + (-2B_1 - 2B_2)x - 2B_2 x^2]e^{2x}$	$= 4x^2 e^{2x}$

Letzterer Ausdruck ist mit der rechten Seite (Störfunktion) der inhomogenen Dgl. gleichzusetzen, also gleich $4x^2e^{2x}$. Wir teilen durch (das stets von Null verschiedene) e^{2x} und erhalten

$$-2B_0 - B_1 + 2B_2 + (-2B_1 - 2B_2)x - 2B_2 x^2 = 4x^2$$

Die Koeffizienten der Potenzen von x müssen auf beiden Seiten exakt übereinstimmen (Prinzip des Koeffizientenvergleichs); also erhalten wir drei (lineare) Gleichungen für die gesuchten Werte B_0, B_1, B_2 :

$$\begin{aligned} -2B_0 - B_1 + 2B_2 &= 0 \\ -2B_1 - 2B_2 &= 0 \\ -2B_2 &= 4 \end{aligned}$$

Die Auflösung dieses linearen Gleichungssystems ergibt direkt $B_2 = -2$, $B_1 = 2, B_0 = -3$. Das heißt, wir erhalten die spezielle Lösung der inhomogenen Dgl. in der Form

$$y_p(x) = (-3 + 2x - 2x^2)\mathrm{e}^{2x}.$$

Durch Superposition (Addition) zur allgemeinen Lösung der homogenen Dgl. ergibt sich schließlich die allgemeine Lösung der inhomogenen Dgl.

$$y(x) = C_1\mathrm{e}^x + C_2\mathrm{e}^{4x} + (-3 + 2x - 2x^2)\mathrm{e}^{2x} \quad (C_1, C_2 \text{ Konstante}).$$

Beispiel 6.9 (Resonanzfall) Die Dgl. laute

$$y'' - y = x + \mathrm{e}^x.$$

Das charakteristische Polynom ist $P_2(\lambda) = \lambda^2 - 1$. Es hat die beiden einfachen Nullstellen $\lambda_1 = 1, \lambda_2 = -1$.
Die Störfunktion $q(x) = x + \mathrm{e}^x$ setzt sich aus zwei Quasipolynomen zusammen: x und e^x; im zweiten entsteht Resonanz zu $\lambda_1 = 1$ ($e^x = e^{\alpha x}$ mit $\alpha = 1$). Also lautet der (bereits überlagerte) Ansatz für $y_p(x)$:

$$\begin{aligned}
y_p(x) &= B_0 + B_1x + C_0x\mathrm{e}^x. \\
y_p'(x) &= B_1 + C_0\mathrm{e}^x + C_0x\mathrm{e}^x, \\
y_p''(x) &= 2C_0\mathrm{e}^x + C_0x\mathrm{e}^x, \\
y_p''(x) - y_p(x) &= 2C_0\mathrm{e}^x - B_0 - B_1x \underset{\text{Dgl.}}{=} x + \mathrm{e}^x
\end{aligned}$$

Entsprechende Anteile sind rechts und links zu vergleichen, d.h., es muß gelten

$$\begin{aligned}
-B_0 - B_1x &= x \\
2C_0\mathrm{e}^x &= \mathrm{e}^x
\end{aligned}$$

Daher ist $B_0 = 0$, $B_1 = -1$, $C_0 = \frac{1}{2}$. Die gesuchte partikuläre Lösung der inhomogenen Dgl. lautet somit

$$y_p(x) = -x + \frac{1}{2}x\mathrm{e}^x;$$

die allgemeine Lösung der inhomogenen Dgl. hat daher die Form

$$y(x) = y_h(x) + y_p(x) = C_1\mathrm{e}^x + C_2\mathrm{e}^{-x} - x + \frac{1}{2}x\mathrm{e}^x \quad (C_1, C_2 \text{ beliebige Konstante}).$$

6.7.3 Die Schwingungsdifferentialgleichung

Wenn eine Masse (z.B. ein Ausgleichsgewicht) an einer Feder befestigt ist und in einer bewegungsabbremsenden Flüssigkeit (Öl) schwingen kann, wird eine von außen aufgeprägte Kraft energieverzehrend aufgefangen (Prinzip des Stoßdämpfers, s. Bild 26). Die Bewegungsdifferentialgleichung ergibt sich aus der Gleichheit des Newtonschen Grundgesetzes „Kraft gleich Masse mal Beschleunigung". Bezeichnet $x = x(t)$ die (vertikale) Abweichung des Schwerpunktes der schwingenden Masse m von der Ruhelage (s. Bild 26), so gilt also

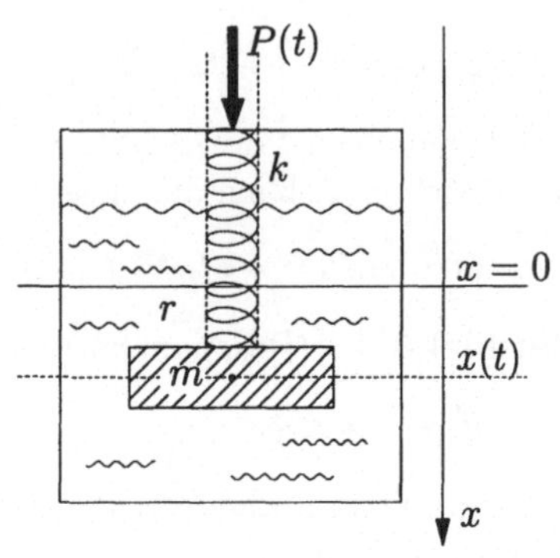

Bild 26: Stoßdämpfer

$$m\ddot{x} = P(t) - r\dot{x} - kx$$

$$\left(\dot{x} = \frac{\mathrm{d}x}{\mathrm{d}t}, \quad \ddot{x} = \frac{\mathrm{d}^2x}{\mathrm{d}t^2}, \cdots\right),$$

wobei $P(t)$ die von außen einwirkende Kraft (z.B. Straßenprofil wirkt auf PKW-Stoßdämpfer), k die Federkonstante und r den Dämpfungsfaktor der Flüssigkeit bezeichnet. Mit den Bezeichnungen $\delta = \frac{r}{2m}, \omega_0 = \sqrt{\frac{k}{m}}, f(t) = \frac{1}{m}P(t)$ lautet die obige Differentialgleichung

$$L_2[x(t)] = \ddot{x} + 2\delta\dot{x} + \omega_0^2 x = f(t). \tag{6.27}$$

Das ist die (einfachste) klassische Schwingungsdifferentialgleichung, die wir jetzt in voller Allgemeinheit behandeln wollen.

Homogene Schwingungsgleichung

Die homogene Schwingungsgleichung lautet

$$\ddot{x} + 2\delta\dot{x} + \omega_0^2 x = 0 \tag{6.28}$$

und besitzt (bezüglich des Ansatzes $x = \mathrm{e}^{\lambda t}$) die charakteristische Gleichung

$$P_2(\lambda) = \lambda^2 + 2\delta\lambda + \omega_0^2 = 0.$$

Wir unterscheiden die drei Fälle (K), (G), (S):

(K): $0 \leq \omega_0 < \delta$ („Kriechfall")
(G): $\omega_0 = \delta$ („aperiodischer Grenzfall")
(S): $0 \leq \delta < \omega_0$ („Schwingfall")

Im Fall (K) hat $P_2(\lambda)$ zwei reelle Nullstellen

$$\lambda_1 = -\delta + \sqrt{\delta^2 - \omega_0^2} \quad \text{und} \quad \lambda_2 = -\delta - \sqrt{\delta^2 - \omega_0^2},$$

und daher besitzt die homogene Dgl. (6.28) die allgemeine Lösung

$$x_h(t) = C_1 \mathrm{e}^{(-\delta + \sqrt{\delta^2 - \omega_0^2})t} + C_2 \mathrm{e}^{(-\delta - \sqrt{\delta^2 - \omega_0^2})t} \quad (C_1, C_2 \text{ Konstante}).$$

Für $t \to +\infty$ geht diese Lösung „ohne Schwingverhalten" gegen Null.

Im Fall (G) hat $P_2(\lambda)$ eine doppelte Nullstelle $\lambda_1 = \lambda_2 = -\delta = -\omega_0$, und die Lösung der homogenen Dgl. lautet

$$x_h(t) = C_1 \mathrm{e}^{-\omega_0 t} + C_2 t \mathrm{e}^{-\omega_0 t}.$$

Für $t \to +\infty$ geht diese Lösung „ohne Schwingverhalten" gegen Null.

Im Fall (S), auch Fall der „schwachen Dämpfung" genannt, hat $P_2(\lambda)$ zwei konjugiert komplexe Nullstellen $\lambda_1 = -\delta + \mathrm{i}\omega$; $\lambda_2 = -\delta - \mathrm{i}\omega$, wobei $\omega = \sqrt{\omega_0^2 - \delta^2}$ (zur Abkürzung) bezeichnet. Die (reelle) allgemeine Lösung der homogenen Dgl. lautet

$$x_h(t) = C_1 \mathrm{e}^{-\delta t} \cos \omega t + C_2 \mathrm{e}^{-\delta t} \sin \omega t \tag{6.29}$$

und weist tatsächlich ein „Schwingungsverhalten" auf (! periodische Anteile), das aber wegen des Faktors $\mathrm{e}^{-\delta t}$ schnell gegen Null gefahren (gedämpft) wird. Damit ist die homogene Schwingungs-Dgl. vollständig diskutiert.
Die inhomogene Schwingungsgleichung behandeln wir nur für den Fall (S). Wir demonstrieren hier – da wegen des allgemeinen Charakters der Störfunktion $f(t)$ spezielle Ansätze nicht in Frage kommen – die **Methode der Variation der Konstanten** (VdK). Der zugehörige Ansatz lautet:

$$x(t) = C_1(t) e^{-\delta t} \cos \omega t + C_2(t) \mathrm{e}^{-\delta t} \sin \omega t$$

oder abgekürzt

$$x(t) = C_1(t) x_1(t) + C_2(t) x_2(t) \text{ mit } x_1(t) = \mathrm{e}^{-\delta t} \cos \omega t, x_2(t) = \mathrm{e}^{-\delta t} \sin \omega t.$$

Wir erhalten durch differenzieren:

$$\dot{x} = \dot{C}_1 x_1 + C_1 \dot{x}_1 + \dot{C}_2 x_2 + C_2 \dot{x}_2 = \dot{C}_1 x_1 + \dot{C}_2 x_2 + C_1 \dot{x}_1 + C_2 \dot{x}_2$$

und vereinbaren als **Zusatzforderung** das Bestehen der Gleichung

$$\dot{C}_1 x_1 + \dot{C}_2 x_2 = 0 \quad \text{für alle} \quad t.$$

(Diese Zusatzforderung schränkt die Lösungsbestimmung nicht ein, sondern ermöglicht sie erst.)
Es gilt dann $\dot{x} = C_1\dot{x}_1 + C_2\dot{x}_2$ und weiter wird

$$\ddot{x} = C_1\ddot{x}_1 + C_2\ddot{x}_2 + \dot{C}_1\dot{x}_1 + \dot{C}_2\dot{x}_2$$

und damit wird (wegen $L_2[x_1(t)] = L_2[x_2(t)] = 0$) nach Einsetzen in die inhomogene Dgl. (kurze Zwischenrechnung)

$$L_2[x(t)] = \ddot{x} + 2\delta\dot{x} + \omega_0^2 x = C_1 L_2[x_1(t)] + C_2 L_2[x_2(t)] + \dot{C}_1\dot{x}_1 + \dot{C}_2\dot{x}_2 = f(t)$$

oder

$$\dot{C}_1\dot{x}_1 + \dot{C}_2\dot{x}_2 = f(t)$$

und (wegen der Zusatzforderung!)

$$\dot{C}_1 x_1 + \dot{C}_2 x_2 = 0.$$

Damit liegt ein (inhomogenes) lineares Gleichungssystem für die „Unbekannten" $\dot{C}_1, \dot{C}_2$ vor. Die Auflösung ergibt (nach Einsetzen aller bekannten Größen) die beiden Werte

$$\dot{C}_1 = \frac{-1}{\omega} \mathrm{e}^{\delta t} f(t) \sin \omega t$$

$$\dot{C}_2 = \frac{1}{\omega} \mathrm{e}^{\delta t} f(t) \cos \omega t.$$

Ohne konkrete Kenntnis von $f(t)$ ist die konkrete Bestimmung von $C_1 = C_1(t)$, $C_2 = C_2(t)$ nicht möglich. Ist $t = t_0$ der Zeitpunkt des Bewegungsanfangs, so erhalten wir durch Integration (die Integrationsvariable heiße τ) von t_0 bis t die Beziehungen (K_1, K_2 Konstante)

$$C_1(t) = -\frac{1}{\omega} \int_{t_0}^{t} \mathrm{e}^{\delta\tau} f(\tau) \sin \omega\tau \,\mathrm{d}\tau \quad + K_1$$

$$C_2(t) = \frac{1}{\omega} \int_{t_0}^{t} \mathrm{e}^{\delta\tau} f(\tau) \cos \omega\tau \,\mathrm{d}\tau \quad + K_2,$$

und durch Rückführen in den Ansatz der VdK oben schließlich die allgemeine Lösung der inhomogenen Schwingungs-Dgl.

$$\begin{aligned} x(t) &= K_1 e^{-\delta t} \cos \omega t + K_2 e^{-\delta t} \sin \omega t \\ &\quad + \frac{1}{\omega} \int_{t_0}^{t} f(\tau) \left[-e^{-\delta t} e^{\delta \tau} \cos \omega t \sin \omega \tau + e^{-\delta t} e^{\delta \tau} \sin \omega t \cos \omega \tau \right] d\tau \\ &= K_1 e^{-\delta t} \cos \omega t + K_2 e^{-\delta t} \sin \omega t + \frac{1}{\omega} \int_{t_0}^{t} f(\tau) e^{-\delta (t-\tau)} \sin \omega (t-\tau) d\tau. \end{aligned}$$

Diese Lösung kann speziellen Anfangsbedingungen angepaßt werden. Insbesondere erhält man für die Vorgabe von $x(t_0) = 0, \dot{x}(t_0) = 0$, daß $K_1 = K_2 = 0$ gilt und deshalb ist dann

$$x(t) = \frac{1}{\omega} \int_{t_0}^{t} f(\tau) e^{-\delta (t-\tau)} \sin \omega (t-\tau) d\tau \quad (t \geq t_0).$$

Diese Beziehung kann man auch in der Form

$$x(t) = \int_{t_0}^{t} G(t,\tau) f(\tau) d\tau \quad (t \in \mathbf{R})$$

schreiben mit

$$G(t,\tau) = \begin{cases} 0 & \text{für} \quad t < \tau \\ \frac{1}{\omega} e^{-\delta (t-\tau)} \sin \omega (t-\tau) & \text{für} \quad t_0 \leq \tau \leq t. \end{cases}$$

$G(t,\tau)$ heißt auch die „Greensche Funktion" oder auch die „Einflußfunktion" der gestellten Aufgabe (homogene Anfangsbedingungen). Sie vermittelt die additive Überlagerung der zu den Zeitpunkten τ $(t_0 \leq \tau \leq t)$ vorhandenen Ursachen zur eintretenden Wirkung zum Zeitpunkt t.

7 Elemente der Wahrscheinlichkeitsrechnung

Im Alltag beobachten wir häufig das Spannungsfeld zwischen Wahrheit und Wahrscheinlichkeit, z.B. trifft man auf Äußerungen wie „Ausnahmen bestätigen die Regel", wenn wieder einmal etwas gründlich schief gegangen ist. Das, was wahr sein kann (verwirklicht werden kann), also das Mögliche, wird in der Wahrscheinlichkeitsrechnung quantifiziert. Einen Sinn macht dies vor allem, wenn sogenannte Massenerscheinungen oder eine Massenproduktion betrachtet werden, also gleichartige Abläufe oder Zustände unter wiederholt den gleichen oder annähernd gleichen Bedingungen zu untersuchen sind. Dies kann z.B. die Qualitätskontrolle einer Fließbandproduktion von Fertigteilen, etwa die Untersuchung der Bruchfestigkeit von Betonfertigteilen oder die Frage nach der Einhaltung von Gesamtbaukosten einer Serie von Fertighäusern betreffen.
Historisch ist die Wahrscheinlichkeitsrechnung aus der Untersuchung von Glücksspielen entstanden und führte zunächst zur klassischen Definition der Wahrscheinlichkeit von P. S. LAPLACE 1812. Die späteren vertieften Anwendungen des Wahrscheinlichkeitsbegriffs u.a. in der Physik (Thermodynamik, statistische Physik) führten auf die Notwendigkeit der Axiomatisierung der Wahrscheinlichkeitsrechnung, die von A. N. KOLMOGOROFF 1933 vorgelegt wurde. Nach dieser Grundlegung erhielt auch die Statistik, die bis dahin vor allem als sammelnde Statistik (Jahrbücher, Register) bekannt war, eine solide Basis, und sie versteht sich von da an vor allem als mathematische Statistik, d.h. als die wissenschaftliche Auswertung von Meßergebnissen mit Mitteln der Wahrscheinlichkeitstheorie; also als folgernde Statistik, die praxiswirksame Schlüsse aus Stichproben – mit Angabe der Irrtumswahrscheinlichkeit – zieht.

7.1 Ereignisse. Wahrscheinlichkeitsbegriff

Angenommen, in einer bestimmten klar abgegrenzten Situation seien endlich viele Grundzustände möglich: $E_1, E_2, \ldots, E_m$, die sogenannten **Elementarereignisse** (einfache Ereignisse). Natürlich sollen sich die Ereignisse E_i und E_j für $i \neq j$ gegenseitig ausschließen.

Beispiel 7.1 Beim Würfeln mit einem Würfel sind die Elementarereignisse das Auftreten der Augenzahlen 1, 2, 3, 4, 5, 6. Ein **Versuch** ist eine Handlung, die ein solches Elementarereignis zum Ergebnis hat, also z.B. einmal Würfeln mit einem Würfel.
Werden viele, allgemein n, Versuche ausgeführt, so wird als einfachste Quantifizierung der Ergebnisse für jedes Elementarereignis E_j seine relative Häufigkeit

h_j angegeben:

$$h_j = \frac{\text{Anzahl des Auftretens von } E_j}{\text{Anzahl der Versuche}} = \frac{m_j}{n} \quad (j = 1, \ldots, m)$$

(Angabe gewöhnlich in Prozent).

Die Werte h_j liegen ersichtlich im Intervall $[0,1]$ und ihre Summe $\sum\limits_{j=1}^{m} h_j$ hat den Wert 1 (denn es gilt ja $\sum\limits_{j=1}^{m} m_j = n$). Im abstrakten, allgemeinen Modell werden die relativen Häufigkeiten h_j durch Wahrscheinlichkeitswerte p_j ersetzt (ebenfalls Prozentzahlen), deren Summe ebenfalls gleich 1 (also 100 %) ist.

Definition 7.1 *Die Menge aller Elementarereignisse heißt* **Merkmalsraum** *oder der* **Raum der Elementarereignisse** Ω.

Wir betrachten z.B. das gleichzeitige Würfeln mit zwei Würfeln und beobachten, ob das Ereignis E : „die Summe der Augenzahlen ist gleich 7" eintritt. Ersichtlich wird das Ereignis E bei (aus) den folgenden Elementarereignissen realisiert, wobei j die Augenzahl des ersten Würfels und h die Augenzahl des zweiten Würfels ist, $(j,k) = (1,6); (2,5); (3;4); (4;3); (5,2); (6,1)$, so daß sich eine Zusammenfassung als Menge, die wir gleichzeitig mit dem benannten Ereignis E identifizieren, geradezu aufdrängt:

$$E = \{(1,6); (2,5); (3,4); (4,3); (5,2); (6,1)\}.$$

Definition 7.2 *Gewisse Teilmengen $E \subseteq \Omega$ des Merkmalsraumes Ω nennt man* **Ereignisse.** *Die Menge E beschreibt das Eintreten des Ereignisses „$x \in E$", wobei x der (zufällige) Ausgang eines Versuches ist.*

Der Nutzen der Identifizierung von Ereignissen mit gewissen Teilmengen des Ereignisraumes (Merkmalsraums) zeigt sich vor allem bei der Bildung von zusammengesetzten Ereignissen, die dann unmittelbar mit der Ausführung elementarer Rechenoperationen für Mengen (Durchschnitt, Vereinigung, Differenz) gleichgesetzt werden kann.

Definition 7.3 *Im Merkmalsraum Ω seien G, H beliebige Ereignisse. Dann heißt das Ereignis (Teilmenge von Ω)*

- $G \cap H$: *„G und H sind eingetreten";*
- $G \cup H$: *„G oder H oder beide sind eingetreten";*
- $G \setminus H$: *„G, aber nicht H ist eingetreten";*
- $\bar{G} := \Omega \setminus G$: *„G ist nicht eingetreten";*
- Ω : *„das sichere Ereignis";*
- $\emptyset$: *„das unmögliche Ereignis".*

Gilt $G \cap H = \emptyset$, so schließen sich die Ereignisse G und H gegenseitig aus und heißen **disjunkt** (zueinander). Das System aller Ereignisse ist ein Mengensystem $\mathfrak{M}$ von Teilmengen von Ω, welches die Menge Ω enthält und in dem die Operationen $\cap, \cup, \setminus$ uneingeschränkt ausführbar sind. Ein solches Mengensystem heißt eine **Mengenalgebra** mit der Einheit Ω. Das Paar $(\Omega, \mathfrak{M})$ nennt man ein **Ereignisfeld.**

Für die Zwecke der Wahrscheinlichkeitstheorie fordert man zusätzlich, daß auch die Vereinigung einer Mengenfolge $A_j \in \mathfrak{M}$ $(j = 1, 2, \ldots)$, also das Ereignis $\bigcup\limits_{j=1}^{\infty} A_j$, zu $\mathfrak{M}$ gehört ($\bigcup\limits_{j=1}^{\infty} A_j$ bezeichnet die Menge aller der Elementarereignisse, die zu mindestens einem A_k gehören). Man nennt $\mathfrak{M}$ dann eine σ-**Mengenalgebra.** In der Axiomatik von A. N. KOLMOGOROFF (1933) wird jedem Ereignis $E \in \mathfrak{M}$ eine nichtnegative Zahl $P(E)$, die **Wahrscheinlichkeit von E**, zugeordnet. Dabei sollen die folgenden Forderungen (= Axiome) erfüllt sein. Gegeben sei ein Wahrscheinlichkeitsfeld $(\Omega, \mathfrak{M})$ mit einer σ-Mengenalgebra $\mathfrak{M}; \Omega \neq \emptyset$.

I. $0 \leq P(E) \leq 1$ für alle $E \in \mathfrak{M}$

II. $P(\Omega) = 1$

III. Sind $G, H \in \mathfrak{M}$ und $G \cap H = \emptyset$, so gilt $P(G \cup H) = P(G) + P(H)$ und allgemeiner die sog. σ-Additivität: Sind $A_j \in \mathfrak{M}$ $(j = 1, 2, \ldots)$ und ist stets $A_j \cap A_k = \emptyset$ für $i \neq k$, so gilt

$$P\left(\bigcup_{j=1}^{\infty} A_j\right) = \sum_{j=1}^{\infty} P(A_j).$$

In Worten lautet I. - III.: Die Wahrscheinlichkeit eines Ereignisses ist eine Zahl zwischen Null und Eins. Das sichere Ereignis $E = \Omega$ hat die Wahrscheinlichkeit 1 (100 %). Die Wahrscheinlichkeit für das Eintreten eines Ereignisses aus einer Folge von Ereignissen, welche paarweise disjunkt sind, ist gleich der Summe der Wahrscheinlichkeiten dieser Ereignisse.

Folgerungen aus I. - III.

Wegen $E \cap \bar{E} = \emptyset$ und $E \cup \bar{E} = \Omega$ gilt $1 = P(\Omega) = P(E \cup \bar{E}) = P(E) + P(\bar{E})$. Also gilt stets

IV. $P(\bar{E}) = 1 - P(E)$.

Für $E = \Omega, \bar{E} = \emptyset$ folgt aus IV, daß $P(\emptyset) = 1 - P(\Omega) = 1 - 1 = 0$ ist.

V. $P(\emptyset) = 0$

In Worten: Die Wahrscheinlichkeiten zueinander komplementärer Ereignisse addieren sich zu 100 % . Das unmögliche Ereignis hat die Wahrscheinlichkeit Null.

Definition 7.4 *Genügen die Ereignismenge (Merkmalsraum) Ω, die σ-Mengenalgebra $\mathfrak{M}$ aller Ereignisse und die Zuordnung $E \mapsto P(E)$ von Ereignissen zu ihrer Wahrscheinlichkeit $P(E)$ den Forderungen I. - III., so heißt das Tripel $(\Omega, \mathfrak{M}, P)$ ein* **Wahrscheinlichkeitsfeld.**

Die einfachsten Wahrscheinlichkeitsfelder sind die **endlichen** Wahrscheinlichkeitsfelder, d.h., die Menge Ω der Elementarereignisse besteht aus endlich vielen Elementen (z.B. Wurf mit einem Würfel, $\Omega = \{1, 2, 3, 4, 5, 6\}$).

Besitzen alle Elementarereignisse die **gleiche** Wahrscheinlichkeit $p > 0$, so ist diese Wahrscheinlichkeit $p = \frac{1}{N}$, wobei $N = N(\Omega)$ die Anzahl der Elemente von Ω bezeichnet. Denn wegen der Forderungen I. - III. gilt bei $\Omega = \{E_1, \ldots, E_N\}$

$$1 = P(\Omega) = \sum_{j=1}^{N} P(E_j) = N \cdot p, \text{ also } p = \frac{1}{N}.$$

Die Wahrscheinlichkeit eines aus mehreren Elementarereignissen zusammengesetzten Ereignisses $E \subseteq \Omega$ ist dann ersichtlich gleich $P(E) = \frac{N(E)}{N}$, wobei $N(E)$ die Anzahl der Elemente von E ist. In Worten: „$P(E)$ ist der Quotient aus der Anzahl der für das Ereignis E günstigen Fälle durch die Anzahl der überhaupt möglichen Fälle." Dies ist die klassische Definition der Wahrscheinlichkeit von P. S. LAPLACE (1812).

Beispiel 7.2 Ein Behälter enthält 6 Fertigteile, von denen 2 defekt sind. Wie groß ist die Wahrscheinlichkeit, daß bei einer völlig zufälligen Entnahme von 2 dieser Teile aus dem Behälter

a) beide nicht defekt sind (Ereignis E);

b) mindestens ein Teil nicht defekt ist (Ereignis F);

c) beide nicht defekt oder beide defekt sind (Ereignis G)?

Lösung. Der Raum der Elementarereignisse Ω besteht hier aus allen ungeordneten Paaren $[T_j, T_k]$ mit $j, k = 1, \ldots, 6$ und $j \neq k$; wobei T_j das Teil mit der (fest vergebenen) Nr. j bezeichnet. Die Anzahl dieser Paare entspricht der Anzahl der Auswahlmöglichkeiten einer 2-elementigen Menge aus einer 6-elementigen Menge. Diese Anzahl beträgt $\binom{6}{2} = \frac{6 \cdot 5}{1 \cdot 2} = 15$. (Allgemein kann man aus einer n-elementigen Menge auf $\binom{n}{k}$ verschiedene Arten eine k-elementige Menge auswählen für $1 \leq k \leq n$.) Damit ist die Anzahl der überhaupt möglichen Fälle, also die Anzahl der Elemente des Merkmalsraums bekannt. Da jedes Elementarereignis, also jedes Paar T_j, T_k, die gleiche Chance hat, in die Auswahlentnahme zu gelangen, trifft die Laplacesche, klassische Definition der Wahrscheinlichkeit zu (s. oben), d.h., jedes Elementarereignis besitzt die gleiche Wahrscheinlichkeit $p = \frac{1}{15}$. Nach den Voraussetzungen der Aufgabe sind 4 Teile nicht defekt. Es gibt daher für das Ereignis E insgesamt $\binom{4}{2} = \frac{4 \cdot 3}{1 \cdot 2} = 6$ mögliche Realisierungen, d.h. günstige Fälle. Also beträgt die Wahrscheinlichkeit für das Ereignis E genau $P(E) = \frac{6}{15} = \frac{2}{5} = 0.4 = 40\%$. Bevor wir die Wahrscheinlichkeit für die Ereignisse F bzw. G ermitteln, überlegen wir uns die Wahrscheinlichkeit dafür, daß beide entnommene Teile defekt sind. Wir erhalten analog zu den soeben durchgeführten Betrachtungen sofort die Beziehung P (beide defekt)

$$= \frac{\binom{2}{2}}{\binom{6}{2}} = \frac{1}{15} = 0.0667 = 6.67\%.$$

Das Ereignis F ist gerade komplementär zum Ereignis H = „beide Teile sind defekt", dessen Wahrscheinlichkeit wir soeben ausgerechnet haben ($P(H) = \frac{1}{15}$); $F = \Omega \setminus H$. Denn: wenn nicht beide Teile defekt sind (H), ist mindestens ein Teil nicht defekt (F) und umgekehrt. Also gilt nach IV. die Gleichung

$$P(F) = P(\Omega \setminus H) = 1 - P(H) = 1 - \frac{1}{15} = \frac{14}{15} = 0.9333 = 93.33\%.$$

Das Ereignis G setzt sich zusammen aus den beiden **disjunkten** Ereignissen E und $H : G = E \cup H$ mit $E \cap H = \emptyset$. Wegen III. folgt somit $P(G) = P(E \cup H) = P(E) + P(H) = \frac{2}{5} + \frac{1}{15} = \frac{7}{15} = 0.4667 = 46.67\%$ (alle Zahlenangaben vierstellig).

7.2 Die bedingte Wahrscheinlichkeit

Definition 7.5 *Die bedingte Wahrscheinlichkeit des Ereignisses H, vorausgesetzt, daß das Ereignis G eingetreten ist, wird mit $P(H \setminus G)$ = „die Wahrscheinlichkeit für H unter der Bedingung G" bezeichnet und definiert als die Wahrscheinlichkeit von H bezüglich des auf G reduzierten Merkmalraumes (G erhält jetzt 100 %) und wird über die Beziehung*

$$P(H|G) = \frac{P(G \cap H)}{P(G)}$$

(G, H Ereignisse; $P(G) > 0$) berechnet.

Kommentar. 1) $P(H|G)$ ist gewissermaßen der Prozentsatz, den H in G hat. Mit $\Omega' = G$ erfüllt $P(H|G)$ die Axiome I. - III. über dem reduzierten Ereignisfeld $\mathfrak{M}' = \{X \in \mathfrak{M} | X \subseteq \Omega'\}$. Speziell gilt $P(G|G) = 1$.
2) Aus der Formel für die bedingte Wahrscheinlichkeit kann man auch, falls $P(H|G)$ und $P(G)$ bekannt sind, die Wahrscheinlichkeit von $G \cap H$, also für das gleichzeitige Eintreten von G und H bestimmen:

$$P(G \cap H) = P(G) \cdot P(H|G).$$

Beispiel 7.3 In einer Massenproduktion erweisen sich 96 % der hergestellten Erzeugnisse als brauchbar. Von jeweils 100 brauchbaren Erzeugnissen waren im Mittel 75 von sehr guter Qualität. Wie groß ist die Wahrscheinlichkeit dafür, daß ein zufällig ausgewähltes Produkt (= Erzeugnis) von sehr guter Qualität ist?
Ist G das Ereignis: „ das zufällig ausgewählte Erzeugnis ist brauchbar" und H das Ereignis „das zufällig ausgewählte Erzeugnis ist von sehr guter Qualität", so gilt ersichtlich: $H = H \cap G$ und damit ist die gesuchte Wahrscheinlichkeit

$$P(H) = P(H \cap G) = P(G) \cdot P(H|G) = 0.96 \cdot 0,75 = 0,72 = 72\%.$$

Definition 7.6 *(Stochastische bzw. statistische Unabhängigkeit) Die Ereignisse G, H eines Wahrscheinlichkeitsfeldes heißen* **unabhängig** *(voneinander), wenn*

$$P(G \cap H) = P(G) \cdot P(H)$$

gilt. Sind endlich viele Ereignisse $G_1, \dots, G_n$ gegeben, so heißen diese **unabhängig**, *wenn*

$$P(G_{j_1} \cap G_{j_2} \cap \dots \cap G_{j_s}) = P(G_{j_1}) \cdot P(G_{j_2}) \cdot \ldots \cdot P(G_{j_s})$$

für jede Auswahl $\{j_1, j_2, \dots, j_s\} \subseteq \{1, \dots, n\}$ gilt.

Beispiel 7.4 Es sei X = Anzahl der unabhängigen unter gleichen Bedingungen verlaufenden Versuche mit einem idealen Würfel bis erstmalig eine gerade Zahl auftritt. Wie groß ist die Wahrscheinlichkeit dafür, daß $X = n$ ist (bei gegebenen $n = 1, 2, \dots$)?
Die Einzelwahrscheinlichkeit für eine gerade Zahl als Würfelergebnis beträgt (klassische Definition der Wahrscheinlichkeit) $p = 3 \cdot \frac{1}{6} = \frac{1}{2}$. Das Ereignis $X = n$ für $n > 1$ besteht aus dem gleichzeitigen Eintreten der ersichtlich unabhängigen Ereignisse $G_1, \dots, G_{n-1}, \overline{G_n}$:

G_1 - beim ersten Versuch tritt keine gerade Zahl auf;
G_2 - beim zweiten Versuch tritt keine gerade Zahl auf; ...
G_{n-1} - beim $(n-1)$-ten Versuch tritt keine gerade Zahl auf;
$\overline{G_n}$ - beim n-ten Versuch tritt eine gerade Zahl auf.

Jedes Ereignis G_k hat die Wahrscheinlichkeit $\frac{1}{2}$. Somit gilt

$$P(X = n) = P(G_1 \cap G_2 \cap \ldots \cap \overline{G_n}) = P(G_1) \cdot P(G_2) \cdot \ldots \cdot P(\overline{G_n}) = \frac{1}{2^n}$$

$(n = 1, 2, \dots)$. (Die vollständige Induktion rechtfertigt dieses Ergebnis.) Also gilt $P(X = n) = \frac{1}{2^n}$ $(n = 1, 2, \dots)$.

Ist der Raum Ω der Elementarereignisse in disjunkte Ereignisse zerlegt, z.B.

$$\Omega = \bigcup_{j=1}^{n} A_j \quad (A_j \cap A_k = \emptyset \text{ für } j \neq k)$$

und ist $B \subseteq \Omega$ irgendein weiteres Ereignis, so gilt (Disjunktheit der A_j!)

$$P(B) = P(B \cap \Omega) = P(B \cap (\bigcup_{j=1}^{n} A_j)) = P(\bigcup_{j=1}^{n} B \cap A_j) = \sum_{j=1}^{n} P(B \cap A_j).$$

Weiter gilt (s.o.) die Gleichheit $P(B \cap A_j) = P(B|A_j)P(A_j)$ $(j = 1, \ldots, n)$. Durch Einsetzen erhalten wir die

Formel der totalen Wahrscheinlichkeit

$$P(B) = \sum_{j=1}^{n} P(B|A_j)P(A_j),$$

die die Zusammensetzung der Wahrscheinlichkeit eines Ereignisses aus ihren „Anteilen in allen Teilereignissen einer Zerlegung" zeigt. Für die Wahrscheinlichkeit des gleichzeitigen Eintretens der Ereignisse A_k und B gilt (s.o.) einerseits

$$P(A_k \cap B) = P(A_k) \cdot P(B|A_k)$$

und andererseits (Vertauschung der Rollen von B und A_k) die Gleichung

$$P(A_k \cap B) = P(B) \cdot P(A_k|B).$$

Somit haben wir die Gleichheit

$$P(A_k) \cdot P(B|A_k) = P(B) \cdot P(A_k|B)$$

Mittels der Formel der totalen Wahrscheinlichkeit folgt (nach Division letzterer Gleichung durch $P(B)$, welches ungleich Null vorausgesetzt werde)

$$P(A_k|B) = \frac{P(A_k) \cdot P(B|A_k)}{\sum_{j=1}^{n} P(A_j)P(B|A_j)} \quad (k = 1, \ldots, n),$$

das ist die sog. **Bayessche Formel.**

Man nennt - im Zusammenhang mit der Bayesschen Formel - die Größe $P(A_k|B)$ die Wahrscheinlichkeit „a posteriori" und die Wahrscheinlichkeiten $P(A_j)$ bzw. $P(A_k)$ die Wahrscheinlichkeiten „apriori" (also „von vornherein" oder „ursprünglich"). Das folgende Beispiel soll den Sinn dieser Bezeichnung verdeutlichen.

Beispiel 7.5 Ein und dasselbe Endprodukt werde in zwei Betrieben I bzw. II gefertigt mit den Ausstoßraten 9 Stück pro Sekunde in I, aber 10 Stück pro Sekunde in II. Die Fehlerquote (Ausschuß) in I sei 1 % , in II hingegen 2 % . Ein zufällig ausgewähltes Stück, das aus der Gesamtproduktion beider Betriebe ausgewählt wurde, sei fehlerfrei.
Wie groß ist die Wahrscheinlichkeit dafür, daß dieses Stück in Betrieb II produziert wurde?

Wir führen die folgenden Ereignisse ein:

A_1 : Produkt stammt aus der Produktion von I;

A_2 : Produkt stammt aus der Produktion von II;

B : Produkt ist fehlerfrei.

Auf Grund des Ausstoßratenverhältnisses gilt ersichtlich die Beziehung $P(A_1) = 0,9 \cdot P(A_2)$. Wegen $P(A_1) + P(A_2) = 1$ lassen sich $P(A_1)$ und $P(A_2)$ ermitteln, es gilt $P(A_1) = 47.37\%$ und $P(A_2) = 52.63\%$. Die in der Aufgabe gesuchte Wahrscheinlichkeit ist $P(A_2|B)$. Wir benutzen die Bayessche Formel und die weiteren Vorgaben: $P(B|A_1) = 100\% - 1\% = 99\%$, $P(B|A_2) = 100\% - 2\% = 98\%$ und erhalten damit

$$P(A_2|B) = \frac{P(A_2)P(B|A_2)}{P(A_1)P(B|A_1)+P(A_2)P(B|A_2)} = \frac{0.5263 \cdot 0.98}{0.4737 \cdot 0.99 + 0.5263 \cdot 0.98} = 0.5238,$$

also beträgt die gesuchte Wahrscheinlichkeit 52.38% a posteriori, also etwas weniger als die Wahrscheinlichkeit a priori, d.h., $P(A_2) = 52.63\%$.

7.3 Zufallsgrößen und ihre Verteilungsfunktionen

Definition 7.7 *Es sei $(\Omega, \mathfrak{M}, P)$ ein Wahrscheinlichkeitsfeld. Als eine (reelle)* **Zufallsgröße** *bezeichnet man eine reelle Funktion*

$$X : \Omega \to \mathbf{R}$$

mit der folgenden Eigenschaft: für jedes reelle $\lambda \in \mathbf{R}$ ist die Menge

$$(X \leq \lambda) := \{t \in \Omega | X(t) \leq \lambda\}$$

ein mögliches Ereignis, d.h., $(X \leq \lambda) \in \mathfrak{M}$.

Kommentar. Eine **Zufallsgröße** entsteht, wenn jedem Elementarereignis (Versuch) eine bestimmte Zahl zugeordnet wird, wobei das Eintreten einer Ungleichung ein Ereignis ist, dem eine Wahrscheinlichkeit zugeordnet werden kann. Damit wird z.B. die Einhaltung von Toleranzen bei einer Massenfertigung ein der quantitativen statistischen Analyse zugängliches Problem.

Beispiel 7.6 1. Es sei X die Summe der Augenzahlen beim Experimentieren mit zwei idealen Würfeln. Es gibt 36 Elementarereignisse (die Paare (j, k), wobei j die Augenzahl ist des ersten Würfels, k die Augenzahl des zweiten Würfels). Die Zufallsgröße X kann 11 verschiedene Werte annehmen. Jeder dieser Werte (möglich sind 2, 3, 4, 5, 6, 7, 8, 9, 10, 11, 12) hat eine gewisse Wahrscheinlichkeit. Zum Beispiel hat der Wert $X = 4$ die Wahrscheinlichkeit $\frac{3}{36} = \frac{1}{12} = 8,3\bar{3}\%$. Wir schreiben dies in der Form $P(X = 4) = 0.0833\bar{3}$ und sprechen von einer sog. Annahmewahrscheinlichkeit für das Ereignis $(X = 4) = \{(1,3); (2,2); (3,1)\}$. Für jedes Ereignis $(X \leq \lambda)$ $(\lambda \in \mathbf{R})$ können wir die zugehörige Wahrscheinlichkeit bestimmen. Es liegt also eine Zufallsgröße vor. Das Besondere ist, daß diese Zufallsgröße nur vereinzelte (isolierte) Werte annehmen kann. Man spricht von einer **diskreten Zufallsgröße.**

Definition 7.8 *Sind $x_1, x_2, \ldots, x_n, \ldots$ die möglichen Werte einer diskreten Zufallsgröße, so ist die Zuordnung dieser Werte zu ihren Wahrscheinlichkeiten die sog.* **Häufigkeitsfunktion** $f_X(x_k) = P(X = x_k) = p_k (k = 1, 2, \ldots)$ *der betrachteten Zufallsgröße.*

Durch fortlaufende kumulative Addition erhält man die **Summenhäufigkeitsfunktion** *oder* **Verteilungsfunktion** $F_X(x)$ *der Zufallsgröße X. Das heißt,*

$$F_X(x) = P(X < x) = \sum_{k:x_k<x} P(X = x_k) = \sum_{k:x_k<x} f_X(x_k)$$

Beispiel 7.7 (s. Bsp. 7.6) Der Werteverlauf der Verteilungsfunktion für die Zufallsgröße des Bsp. 7.6 zeigt, daß wir für eine diskrete Zufallsgröße als Verteilungsfunktion eine (linksseitig stetige, monoton nicht fallende) Treppenfunktion erhalten. (Der Leser fertige eine Skizze an.) Werteverlauf von $F_X(x)$: Die äußere rechte Spalte der Tabelle enthält die **Summenhäufigkeitsprozente.**

x, x_k	$F_X(x)$	%
$-\infty < x \leq 2$	0	0.00
$2 < x \leq 3$	1/36	2.78
$3 < x \leq 4$	3/36	8.33
$4 < x \leq 5$	6/36	16.67
$5 < x \leq 6$	10/36	27.78
$6 < x \leq 7$	15/36	41.67
$7 < x \leq 8$	21/36	58.33
$8 < x \leq 9$	26/36	72.22
$9 < x \leq 10$	30/36	83.33
$10 < x \leq 11$	33/36	91.67
$11 < x \leq 12$	35/36	97.22
$12 < x < +\infty$	1	100.00

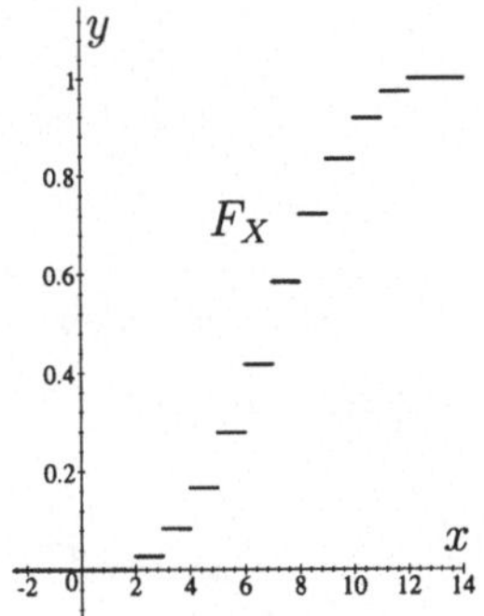

Bild 27: Verteilungsfunktion einer diskreten Zufallsgröße

Allgemein ist $F_X(x)$ eine linksseitig stetige, monoton nicht fallende Funktion mit

$$0 \leq F_X(x) \leq 1 \quad (-\infty < x < +\infty)$$

$$\lim_{x \to -\infty} F_X(x) = 0$$

$$\lim_{x \to +\infty} F_X(x) = 1.$$

Es gilt die grundlegende Formel (Beweis mittels Zerlegung in disjunkte Ereignisse) für $-\infty < a < b < +\infty$

$$\mathbf{P(a \leq X < b) = F_X(b) - F_X(a)}$$

denn wegen

$$\begin{aligned} (X < b) &= (X < a) \cup (a \leq X < b) \text{ folgt} \\ P(X < b) &= P(X < a) + P(a \leq X < b) \text{ oder} \\ P(a \leq X < b) &= P(X < b) - P(x < a); \text{ d.h.,} \\ P(a \leq X < b) &= F_X(b) - F_X(a). \end{aligned}$$

Definition 7.9 *Einer diskreten Zufallsgröße X mit den möglichen Werten* $x_1, x_2, \ldots, x_n, \ldots$ *werden die folgenden statistischen Kenngrößen zugeordnet:*

Erwartungswert E(X)

$$E(X) := \sum_{k=1}^{\infty} x_k f_X(x_k) = \sum_{k=1}^{\infty} x_k P(X = x_k) = \sum_{k=1}^{\infty} x_k p_k$$

(treten nur endlich viele x_k *auf, so ist nur eine endliche Summe und keine unendliche Reihe zu bilden).*

Varianz (Streuung) $\mathbf{D^2(X)}$

$$D^2(X) := \sum_{k=1}^{\infty} (x_k - E(X))^2 f_X(x_k) = \sum_{k=1}^{\infty} (x_k - E(X))^2 p_k$$

$\sigma := \sqrt{D^2(X)}$ *heißt* **Standardabweichung.**

Beispiel 7.8 (s. Bsp. 7.6) Ist X = Summe der Augenzahlen beim Experiment mit zwei Würfeln, so gilt

$$
\begin{aligned}
E(X) = \sum_{k=1}^{11} x_k f_X(x_k) &= 2\cdot\frac{1}{36} + 3\cdot\frac{2}{36} + 4\cdot\frac{3}{36} + 5\cdot\frac{4}{36} + 6\cdot\frac{5}{36} + 7\cdot\frac{6}{36} \\
&\quad +8\cdot\frac{5}{36} + 9\cdot\frac{4}{36} + 10\cdot\frac{3}{36} + 11\cdot\frac{2}{36} + 12\cdot\frac{1}{36} = \mathbf{7.00}
\end{aligned}
$$

$$
\begin{aligned}
D^2(X) &= \left(\sum_{k=1}^{11}(x_k - E(X))^2 f_X(x_k)\right) \\
&= (2-7)^2\cdot\frac{1}{36} + (3-7)^2\cdot\frac{2}{36} + (4-7)^2\cdot\frac{3}{36} + (5-7)^2\cdot\frac{4}{36} + (6-7)^2\cdot\frac{5}{36} \\
&\quad +(8-7)^2\cdot\frac{5}{36} + (9-7)^2\cdot\frac{4}{36} + (10-7)^2\cdot\frac{3}{36} + (11-7)^2\cdot\frac{2}{36} + (12-7)^2\cdot\frac{1}{36} \\
&= \mathbf{5.8333} \\
\sigma &= \sqrt{\mathbf{D^2(X)}} = \mathbf{2.4152}
\end{aligned}
$$

7.4 Beispiele diskreter Verteilungen für Zufallsgrößen

Binomialverteilung

Es sei $0 < p < 1$ eine gegebene Zahl. Der Definitionsbereich der Häufigkeitsfunktionen $f_X(x_k)$ sei die Menge $\{0, 1, \ldots, n\}$, d.h., die betrachteten Zufallsgrößen können die Werte $x_k = 0, 1, \ldots, n$ annehmen. Die Häufigkeitsfunktion wird wie folgt festgelegt

$$f_X(k) = P(X = k) = p_k = \binom{n}{k} p^k (1-p)^{n-k} \quad (k = 0, 1, \ldots, n).$$

Es gilt $E(X) = np$ und $D^2(X) = np(1-p)$.
Wenn ein Versuch, bei dem das Ereignis A mit der Wahrscheinlichkeit p auftritt, n-mal wiederholt wird, ist p_k die Wahrscheinlichkeit für das genau k-malige Auftreten des Ereignisses A.

Poissonverteilung

Es sei $\lambda > 0$ fest. Der Definitionsbereich der Häufigkeitsfunktion $f_X(x_k)$ sei die Menge $\{0, 1, 2, \ldots, n, \ldots\} = \mathbb{N} \cup \{0\}$. Festlegung der Häufigkeitsfunktion:

$$f_X(k) = P(X = k) == p_k = \frac{\lambda^k}{k!} e^{-\lambda} \quad (k = 0, 1, 2, \ldots).$$

Es gilt $E(X) = \lambda$ und $D^2(X) = \lambda$. Zum Beispiel ist die Anzahl der pro Zeit anfallenden Atome bei einem radioaktiven Zerfallsprozeß poissonverteilt.

Gleichmäßige Verteilung

Definitionsbereich: $\{0, 1, 2, \dots, n\}$.
Häufigkeitsfunktion: $f_X(k) = P(X = k) = p_k = \frac{1}{n+1}$

$$E(X) = \frac{n}{2} \text{ und } D^2(X) = \frac{n^2}{12} + \frac{n}{6}$$

Zum Beispiel ist das zufällige Ablesen der Uhrzeit innerhalb einer Stunde auf die Minute genau gleichmäßig verteilt mit $n = 59$.

Geometrische Verteilung

Es sei $0 < p < 1$ fest gegeben.
Definitionsbereich: $\{0, 1, 2, \dots, n \dots\}$
Häufigkeitsfunktion: $f_X(k) = P(X = k) = p_k = p^k(1 - p)$

$$E(X) = \frac{p}{1-p} \text{ und } D^2(X) = \frac{p}{(1-p)^2}$$

Anwendung: Fertigung längs einer Taktstraße.

Hypergeometrische Verteilung

Eine diskrete Zufallsgröße heißt hypergeometrisch verteilt mit den (ganzzahligen) Parametern M, N, n $(0 \leq n \leq N; 0 \leq M \leq N)$ auf dem Definitionsbereich $\{0, 1, \dots, \min(M, n)\}$, wenn die Häufigkeitsfunktion durch die Formel

$$p_m = P(X = m) = f_X(m) = \frac{\binom{M}{m}\binom{N-M}{n-m}}{\binom{N}{n}}$$

$\max\,(0, n - (N - M)) \leq m \leq \min\,(M, n)$ erklärt ist. Es gilt

$$E(X) = \frac{Mn}{N} \text{ und } D^2(X) = \frac{Mn(N-M)(N-n)}{N^2(N-1)}.$$

Beispiel 7.9 Ein Behälter enthalte N Kugeln: M schwarze Kugeln und $(N-M)$ weiße Kugeln. Werden zufällig n Kugeln aus dem Behälter gezogen, so ist $f_X(m)$ die Wahrscheinlichkeit dafür, daß sich unter den gezogenen Kugeln genau m schwarze Kugeln befinden. Dieses Beispiel ist typisch für Aufgaben der statistischen Qualitätskontrolle.

7.5 Kontinuierliche Verteilungen

Neben den diskreten Zufallsgrößen gibt es ebenso praxisrelevante Zufallsgrößen, bei denen die Wahrscheinlichkeit nicht auf einzelne Werte konzentriert ist (die Augenzahl beim Würfelversuch ist gleich „6"), sondern über ganze Intervalle „verschmiert" ist, also z.B. das Gewicht einer Waggonladung Zement, die Länge eines Balkens, die Belastung, die auf eine Baukonstruktion einwirkt usw.
Der Schlüssel zur quantitativen wahrscheinlichkeitstheoretischen Behandlung ist die Verteilungsfunktion der betrachteten Zufallsgröße, also

$$F_X(x) = P(X < x) \quad (x \in \mathbf{R}).$$

Es gilt dann (wie bei der diskreten Zufallsgröße) die Formel

$$P(a \leq X < b) = P(X < b) - P(X < a) = F_X(b) - F_X(a) \quad (a < b)$$

und die Funktion $F_X(x)$ hat die bereits oben erwähnten Eigenschaften.

Definition 7.10 *Eine* **Zufallsgröße** *heißt* **stetig,** *wenn ihre Verteilungsfunktion $F_X(x)$ durch Integration über eine* **Dichtefunktion** *$f_X(x)$ (Wahrscheinlichkeitsdichte) dargestellt werden kann, die die Ableitung der Verteilungsfunktion ist; also*

$$F_X(x) = \int_{-\infty}^{x} f_X(\xi)\mathrm{d}\xi \quad (x \in \mathbf{R})$$

bzw.

$$F'_X(x) = f_X(x) \qquad (x \in \mathbf{R}).$$

Für stetige Zufallsgrößen gilt die Gleichung

$$P(a \leq X < b) = F_X(b) - F_X(a) = \int_a^b f_X(x)\mathrm{d}x.$$

Es gilt stets $f_X(x) \geq 0$ $(x \in \mathbf{R})$ und die Gleichung $\int\limits_{-\infty}^{+\infty} f_X(x)\mathrm{d}x = 1$.

Definition 7.11 *Die Größen*

$$E(X) = \int_{-\infty}^{+\infty} f_X(x)\mathrm{d}x; \text{ bzw.}$$

$$D^2(X) = \int_{-\infty}^{+\infty} (x - E(X))^2 f_X(x)\mathrm{d}x$$

heißen der **Erwartungswert** $E(X)$ *bzw. die* **Varianz** $D^2(X)$ *der stetigen Zufallsgröße* X.

7.6 Beispiele kontinuierlicher Verteilungen für Zufallsgrößen

1. Die Normalverteilung $\mathbf{N}(\boldsymbol{\mu}, \boldsymbol{\sigma}^2)$

Es seien $\mu \in \mathbf{R}$ und $\sigma > 0$ gegebene Zahlen. Die **Dichtefunktion** einer Normalverteilung lautet

$$f_X(x) = \frac{1}{\sigma\sqrt{2\pi}} e^{-\frac{(x-\mu)^2}{2\sigma^2}} \quad (-\infty < x < +\infty)$$

Es gilt $E(X) = \mu$ und $D^2(X) = \sigma^2$. Die Verteilungsfunktion erhält man durch Integration über die Dichtefunktion.

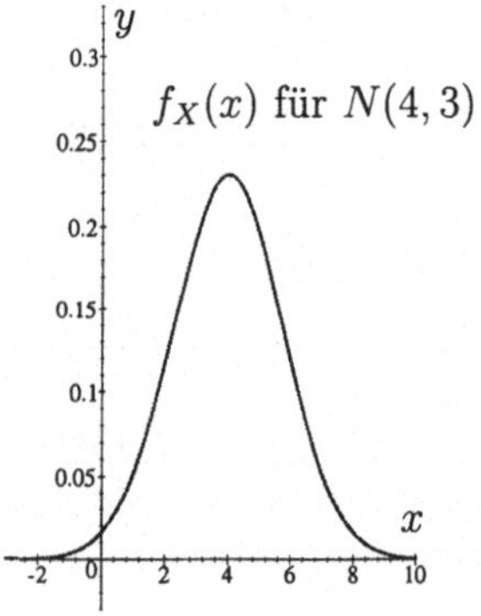

Bild 28: Normalverteilung (Dichte)

2. Die Exponentialverteilung

Es sei $a > 0$ eine gegebene Zahl. Die **Dichtefunktion** für eine exponentialverteilte Zufallsgröße lautet:

$$f_X(x) = \begin{cases} 0 & \text{für} \quad -\infty < x < 0 \\ ae^{ax} & \text{für} \quad 0 \leq x < +\infty. \end{cases}$$

Es gilt $E(X) = \frac{1}{a}$ und $D^2(X) = \frac{1}{a^2}$.
Anwendung: Lebensdauerschätzungen von Baugruppen.

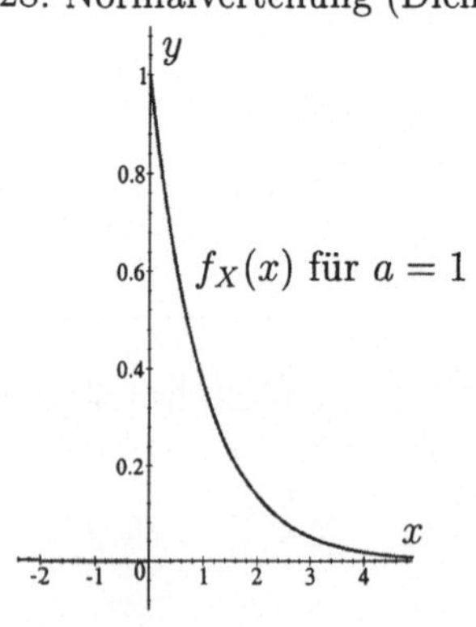

Bild 29: Exponentialverteilung (Dichte)

3. Die gleichmäßige Verteilung

Es sei $a > 0$ gegeben. Die Wahrscheinlichkeitsdichte für eine gleichmäßig verteilte Zufallsgröße lautet:

$$f_X(x) = \begin{cases} 0 & \text{für} \quad -\infty < x < 0 \\ \frac{1}{a} & \text{für} \quad 0 \leq x \leq a \\ 0 & \text{für} \quad a < x < +\infty \end{cases}$$

Es gilt $E(X) = \frac{a}{2}$ und $D^2(X) = \frac{a^2}{12}$.

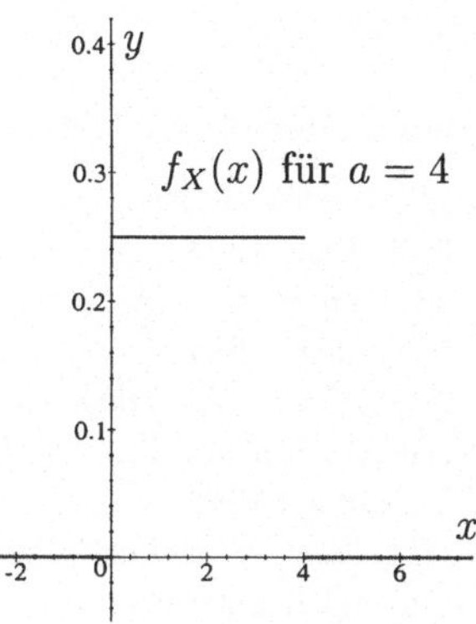

Bild 30: Gleichmäßige Verteilung (Dichte)

4. Die Weibull-Verteilung

Eine stetige Zufallsgröße besitzt eine Weibull-Verteilung mit den Parametern (Eingangsgrößen) $\delta > 0, \eta > 0, x_0 \in \mathbb{R}$, wenn ihre Verteilungsfunktion durch die Beziehung

$$F_X(x) = \begin{cases} 1 - \exp\left(-\left(\frac{x-x_0}{\eta}\right)^{\delta}\right) & \text{für} \quad x_0 < x < +\infty \\ 0 & \text{für} \quad -\infty < x \leq x_0 \end{cases}$$

gegeben ist (die Wahrscheinlichkeitsdichte ergibt sich durch Differentiation). Es gilt

$$E(X) = x_0 + \eta\Gamma\left(1 + \frac{1}{\delta}\right)$$

und

$$D^2(X) = \eta^2 \left\{\Gamma\left(1 + \frac{2}{\delta}\right) - \Gamma\left(1 + \frac{1}{\delta}\right)\right\}$$

($\Gamma(\cdot)$ ist das Symbol für die Gammfunktion, s. Formelsammlungen).
Die Weibullverteilung wird u.a. zur Schätzung der Lebensdauer des „schwächsten Gliedes" in einer Kette hintereinandergeschalteter gleichartiger Bauelemente oder Baugruppen verwendet.

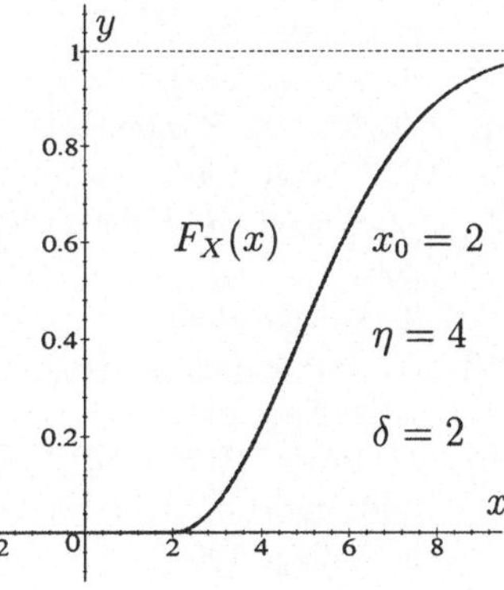

Bild 31: Weibull-Verteilung

Literatur

Aufgabenbücher (B. G. Teubner Stuttgart-Leipzig)

[Ü1] *H. Wenzel, G. Heinrich:* Übungsaufgaben zur Analysis Ü 1. 6. Auflage 1999.

[Ü2] *H. Wenzel, G. Heinrich:* Übungsaufgaben zur Analysis Ü 2. 5. Auflage 1999.

[Ü3] *E.-A. Pforr, L. Oehlschlaegel, G. Seltmann:* Übungsaufgaben zur linearen Algebra und linearen Optimierung Ü 3. 5. Auflage 1998.

[Ü4] *H. Gillert, V. Nollau:* Übungsaufgaben zur Wahrscheinlichkeitsrechnung und mathematischen Statistik. 4. Auflage 1990 (Ü4).

Lehrbücher

Mathematik für Ingenieure und Naturwissenschaftler/früher: „MINÖL-Reihe" (B. G. Teubner Stuttgart-Leipzig):

[SSZ] *N. Sieber, H.-J. Sebastian, G. Zeidler:* Grundlagen der Mathematik; Abbildungen, Funktionen, Folgen. 9. Auflage 1990.

[PS] *E.-A. Pforr, W. Schirotzek:* Differential- und Integralrechnung für Funktionen mit einer Variablen. 9. Auflage 1993.

[HRS] *K. Harbarth, T. Riedrich, W. Schirotzek:* Differentialrechnung für Funktionen mit mehreren Variablen. 8. Auflage 1993.

[KP] *K.-H. Körber, E.-A. Pforr:* Integralrechnung für Funktionen mit mehreren Variablen. 8. Auflage 1993.

[WM] *H. Wenzel, P. Meinhold:* Gewöhnliche Differentialgleichungen. 7. Auflage 1994.

[GK] *O. Greuel, H. Kadner:* Komplexe Funktionen und konforme Abbildungen. 3. Auflage 1990.

[MSV] *K. Manteuffel, E. Seiffart, K. Vetters:* Lineare Algebra. 7. Auflage 1989.

[BHP] *O. Beyer, H. Hackel, V. Pieper, J. Tiedge:* Wahrscheinlichkeitsrechnung und mathematische Statistik. 8. Auflage 1999.

Taschenbücher/Formelsammlungen

[V] *K. Vetters:* Formeln und Fakten.
2. Auflage. B. G. Teubner Stuttgart-Leipzig 1998.

[RW] *L. Rade, B. Westergren:* Springers Mathematische Formeln (Taschenbuch für Ingenieure).
2. Auflage. Springer-Verlag Berlin-Heidelberg 1997.

Ergänzungsliteratur

[GT] *C. Großmann, J. Terno:* Numerik der Optimierung.
2. Auflage. B. G. Teubner Stuttgart-Leipzig 1997.

[SK] *H. Schwetlick, H. Kretzschmar:* Numerische Verfahren für Naturwissenschaftler und Ingenieure.
Fachbuchverlag Leipzig 1991.

[E-MR] *G. Engeln-Müllges, F. Reutter:* Numerik-Algorithmen.
8. Auflage. VDI-Verlag Düsseldorf 1996.

[MV] *K. Meyberg, P. Vachenauer:* Höhere Mathematik Band 1.
4. Auflage. Springer-Verlag Berlin-Heidelberg 1998.

Index